MANUEL
DU
PARFUMEUR,

CONTENANT

Les moyens de confectionner les Pâtes odorantes, les Poudres de diverses sortes, les Pommades, les Savons de toilette, les Eaux de senteur, les Vinaigres Extraits, Élixirs, Essences, Huiles, Parfums, Eau de Cologne, Odeurs, Aromates, Cosmétiques, Pastilles odorantes, Sachets pour les bains, Rouge et autres Objets de son Art, et où se trouve indiqué un grand nombre de compositions nouvelles;

PAR Mme GACON-DUFOUR,

AUTEUR DE DIVERS OUVRAGES D'ÉCONOMIE, D'ARTS ET DE SCIENCES

PARIS,

RORET, LIBRAIRE, RUE HAUTEFEUILLE,
AU COIN DE CELLE DU BATTOIR.

I0001445

MANUEL

DU

PARFUMEUR.

MANUEL

DU

PARFUMEUR,

CONTENANT

Les moyens de confectionner les Pâtes odorantes, les Poudres de diverses sortes, les Pommades, les Savons de Toilette, les Eaux de Senteur, les Vinaigres, Extraits, Élixirs, Essences, Huiles, Parfums, Eau de Cologne, Odeurs, Aromates, Cosmétiques, Pastilles odorantes, Sachets pour les bains, Rouge et autres Objets de son Art, et où se trouve indiqué un grand nombre de Compositions nouvelles;

PAR Mme GACON-DUFOUR,

AUTEUR DE DIVERS OUVRAGES D'ÉCONOMIE, D'ARTS ET DE SCIENCES.

PARIS,

RORET, LIBRAIRE, RUE HAUTEFEUILLE,

AU COIN DE CELLE DU BATTOIR,

1825.

PRÉFACE.

Il est peu d'arts dans la société qui soient plus utiles que celui du parfumeur. En aidant particulièrement à la propreté, il aide aussi à la bonne santé.

L'un des plus agréables pour la manipulation, il est encore l'un des plus avantageux pour le commerce en général. On pourrait dire de lui qu'il lie les nations entre elles par ce moyen ; car c'est peut-être celui qui procure le plus de consommation des marchandises apportées des pays éloignés et d'au-delà des mers.

Il y a quelques années, il concourait, par la poudre qu'il fabrique, à décorer toutes les têtes ; mais la mode a changé, et la poudre,

au parfumeur les moyens de faire aussi bien, d'employer moins de temps, de combustibles, de gens de journée, et conséquemment d'obtenir plus de bénéfice, et un plus grand débit en raison de la diminution des prix sans que cela nuise à ses intérêts.

Simplifier les compositions, et néanmoins les rendre aussi suaves, diminuer le nombre des manières de les confectionner, doivent être le but du parfumeur. Ses intérêts n'en souffrent point, et je le répète, il obtient même plus de bénéfice.

J'ai traité tous les articles qui concernent les travaux du parfumeur, et j'ai tâché, autant qu'il m'a été possible, de les dépouiller des superfluités, qui sont quelquefois nuisibles aux résultats, par la difficulté de les amalgamer convenablement.

J'ai indiqué aussi les lieux où croissent les parfums que l'on importe en France, et j'ai surtout donné les moyens de connaître s'ils ne sont point falsifiés : la falsification occasione trop souvent des pertes de temps,

parfum plus dangereux qu'agréable, et que ces bains, qui doivent rafraichir, délasser, donner de la circulation au sang, ne produisissent un effet contraire.

Il serait presque impossible qu'une personne d'une faible constitution supportât pendant une heure les émanations fortes des plantes avec lesquelles on parfumait les bains il y a trente ans.

J'ai pensé, et j'ai dû le dire, que des sachets qu'on peut ôter à volonté, et qui ne sont remplis que de feuilles et de fleurs aromatiques, entraînaient beaucoup moins d'inconvéniens.

J'ai omis d'indiquer la manière de fabriquer du *blanc*, des pommades pour teindre les cheveux, les sourcils, etc., etc.; cela était d'usage dans le siècle de Louis XIV, où la chimie et les sciences naturelles n'avaient point acquis le degré de perfection qu'elles possèdent maintenant; mais ne l'est plus aujourd'hui.

Tout en évitant de parler de ces recettes, je n'ai point oublié d'en donner d'autres sa-

nes peu fortunées la jouissance de choses réservées seulement à l'opulence.

Je ne parle pas du style que j'ai employé pour rendre mes idées; on pense bien que pour une série de procédés, on est obligé d'user des mêmes tournures de phrases, des mêmes énonciations; et que c'est toujours par les mots *prendre*, *on prend*, *vous prendrez; employer*, *vous emploierez*; *composer*, *se compose*, etc., que l'on peut rendre de pareilles idées; on ne s'attache pas à la variété du style; elle est bien remplacée par la diversité des choses. Une élocution simple, claire, qui fasse comprendre facilement tous les procédés énoncés, est le style qui convient et peut convenir pour un ouvrage de la nature de celui-ci, et c'est celle à laquelle je me suis principalement appliquée.

INTRODUCTION.

En France, toutes les classes de la société désirent se procurer des jouissances, même de luxe; mais toutes, en raison de leur fortune, ne peuvent point satisfaire leurs désirs. C'est donc un service à rendre aux parfumeurs, que de leur indiquer la manière de fabriquer à beaucoup moins de frais, tout ce qui concerne leur état, et d'obtenir les mêmes résultats, tant pour l'agrément que pour la diminution du prix dans les achats, sans que cela nuise à l'intérêt du fabricant, qui, en raison de la diminution des prix, aura beaucoup plus de demandes.

La femme opulente ne dédaignera pas

MANUEL

DU

PARFUMEUR.

TITRE Ier.

Des Matières essentielles pour la Composition des Eaux odorantes, des Pommades, Essences, Huiles, etc.

Pour la confection des pommades, il faut, dans l'été, se munir des plantes dont on veut leur communiquer l'odeur, telles que, lavande, jasmin, tubéreuse, fleurs d'oranger, thym, marjolaine, violette, angélique, menthe, baume, romarin, œillet, rose, rose musquée, etc., ainsi que toutes autres fleurs ou plantes susceptibles d'être extraites pour en obtenir l'essence odorante.

L'intérêt et l'économie commandent au parfumeur de ne fabriquer les pommades que

mades lorsque la saison des fleurs est passée; parce qu'il est impossible d'obtenir les mêmes résultats de celles que l'on cultive dans les serres chaudes, l'expérience ayant démontré que leur parfum est très-inférieur à celles que le soleil échauffe et que la rosée du matin nourrit.

En suivant ce précepte, l'on évitera l'embarras de fondre sa graisse avec les fleurs, de les y tenir en infusion pendant vingt-quatre heures au moins, d'être obligé de les remuer souvent dans cet espace de temps, et d'être encore forcé, après l'avoir laissé refroidir, de la faire refondre au bain-marie pour retirer les fleurs en les passant dans un canevas.

Ce n'est pas tout; il est aussi d'usage ancien d'envelopper les fleurs dans un autre canevas pour les mettre sous presse, afin d'en exprimer toutes les qualités odorantes et le peu de graisse qui se sera attaché aux feuilles des fleurs; puis, on met cette pommade dans un vase, au fond duquel est une couche de fleurs que l'on laisse encore vingt-quatre heures.

Ne croyez pas que cela soit terminé, il faut recommencer cinq à six jours de suite, en ayant soin de mettre au fond du vase

les graisses conséquemment plus solides, le fabricant aura au moins un tiers de bénéfice de plus, même en les vendant un peu moins cher, que s'il suit l'ancienne méthode.

Il est une pommade que les parfumeurs ne doivent point négliger d'avoir, et dont j'ai fait l'essai avec beaucoup de soin.

Cette pommade est fabriquée avec toutes celles qu'on fait avec les fleurs d'oranger, de jasmin, de tubéreuse, de thym, de jonquille, de rose, de rose musquée, etc. On prend une dose de toutes ces pommades que l'on fait fondre au bain-marie; on y ajoute une ou deux gouttes des essences que l'on a composées pour confectionner ces diverses pommades. Lorsque toutes les odeurs sont bien amalgamées, on met sa pommade dans des pots, et on la vend sous le titre de pommade au *pot-pourri*. Elle conserve son odeur très-long-temps, supporte même des voyages de long cours. Elle peut remplacer celle que l'on nomme pompeusement pommade d'*Italie*; la confection en est beaucoup moins coûteuse, elle emploie beaucoup moins de combustibles et de temps, ce qui est très-précieux pour un fabricant.

Que l'on ne vienne pas m'objecter que les

Toutes ces considérations doivent engager le parfumeur à profiter des avis que l'expérience a confirmés.

En suivant ces préceptes il s'épargnera la peine des longues confections, la crainte de voir ses pommades s'altérer, malgré toutes les précautions qu'il prendrait, l'économie du temps et des matières, en ayant autant de produit, et la certitude qu'il pourra en envoyer dans les départemens, même à l'étranger, cette manière de les confectionner les conservant fraîches beaucoup plus longtemps.

Il doit aussi faire beaucoup plus d'essences qu'il n'aurait le projet de fabriquer de pommades, parce que les essences étant conservées dans un endroit sec et à l'abri de toutes mauvaises émanations, il pourra confectionner des pommades dans toutes les saisons de l'année, ce qui est encore un avantage.

Quant aux pommades à la *providence*, aux *limaçons*, des *sultanes*, pommade *noire*, pommade *jaune*, pommade *pour le teint*, l'usage en est un peu suranné : je pense qu'un fabricant ne doit en avoir qu'autant qu'on lui en demanderait. Il peut cependant en confectionner pour *les lèvres* : il

en faire la demande, dans la crainte de divulguer le secret qu'elles veulent garder.

Il est encore une autre pommade que l'on intitule *pour les lèvres*, pour les gerçures du sein, celles des mains, et pour adoucir la peau; je la crois plus nuisible qu'utile, attendu qu'une partie des ingrédiens qui entrent dans sa composition doivent plutôt donner de la rudesse à la peau que l'adoucir.

Les pommades *vertes*, *jaunes*, etc., ne sont d'aucune utilité, ni pour blanchir la peau, ni pour colorer les cheveux et les sourcils. Elles seraient au contraire très-malfaisantes; il faut en conséquence s'abstenir d'en donner la recette, mon intention étant d'être aussi utile que possible.

Je vais passer aux eaux spiritueuses et odorantes avec lesquelles le parfumeur confectionuera les pommades ainsi que je l'expliquerai.

Préliminaire relatif aux Eaux à employer pour la Fabrication des Eaux odorantes.

Il est essentiel de connaître les eaux dont on se sert pour la fabrication des différentes eaux odorantes, afin de n'être pas obligé

la filtrer avec un papier gris, que vous aurez auparavant imbibé dans du vinaigre et fait sécher au grand soleil : par ce moyen, vous ne courrez point le risque de voir vos eaux odorantes se corrompre.

ce qu'elle ne frappe pas aussi sensiblement le cerveau.

C'est au mois de juin qu'il faut faire sa provision de fleurs de lavande.

Toute cette plante est résolutive, anti-histérique ; ses fleurs et ses feuilles excitent la salivation.

Ses fleurs rendent beaucoup d'huile essentielle et d'une bonne odeur.

Pour avoir de l'esprit de lavande très-agréable, il faut mêler de l'huile essentielle de cette plante très-rectifiée, et nouvellement distillée avec de bon esprit de vin, et y ajouter une petite quantité de benjoin. Il est expressément recommandé par les chimistes distingués de ne faire usage de l'esprit de lavande que d'une manière très-modérée.

On retire aussi de cette plante une huile essentielle fort inflammable, et d'une odeur pénétrante. Elle est souveraine pour détruire les mittes et d'autres insectes aussi insupportables, qui ont en aversion l'odeur de cette huile ; c'est pourquoi elle est très-bonne pour les faire mourir. — Voyez au chapitre 13 ci-après ce que je dis de l'eau de lavande du Languedoc, des moyens de reconnaître sa falsification, etc.

tons de vanille, que vous cassez par morceaux : vous les mettez dans une pinte d'eau-de-vie et les laissez infuser pendant un mois ; puis vous les filtrez.

Les huiles par distillation les plus en usage sont appelées du nom d'*essences*, telles que celles de *cannelle*, de *girofle*, de *cédrat*, de *bergamotte*, de *citron*, de *lavande*, de *genièvre*.

Toutes ces huiles peuvent servir au besoin, pour améliorer les alimens, dans les liqueurs, dans toutes les pommades et dans les eaux de toilette.

CHAPITRE III.

Eau d'Epine-vinette.

Lorsque les fleurs de l'épine-vinette sont passées, le pistil se change en un fruit mou de quatre à cinq lignes, qui devient rouge en mûrissant et qui est rempli d'une pulpe d'odeur des plus agréables, dont on peut faire de l'eau pour mettre dans les flacons. Elle serait d'autant plus avantageuse que l'on cultive cette plante en France et que l'achat en serait moins cher; on pourrait aussi en extraire une liqueur pour fabriquer du rouge.

L'huile se fait en mettant la cannelle dans l'esprit de vin, la laissant infuser deux ou trois jours, et la distillant.

Les Hollandais, qui la distillent à Ceylan ou à Batavia, la vendent jusqu'à soixante-dix francs l'once, et encore la falsifient-ils quelquefois en la mêlant avec de l'huile de girofle.

Heureusement grâce à l'industrie des négocians hollandais, on ne manque point en France de cette denrée, et le parfumeur doit se munir de celles qui sont les plus fraîches pour obtenir une huile qui lui donnera la facilité de faire de bonnes eaux distillées, qu'il pourra mêler soit avec ses pommades soit avec ses eaux d'odeurs.

CHAPITRE VI.

Huile et Eau de Rose.

Cette fleur que Pline nomme avec raison *la reine des fleurs*, doit être considérée par les parfumeurs.

Ils ne doivent point négliger, dans la saison où cette fleur embellit les parterres, d'en faire de l'essence en assez grande quantité pour satisfaire aux demandes réitérées qu'on leur adressera.

Il est facile de s'en procurer, cette fleur faisant dans le mois de juin un des plus beaux ornemens des jardins.

On prépare l'huile de lis en faisant infuser les fleurs pendant trois ou quatre jours dans l'eau. Ensuite on en substitue d'autres, parce qu'elles se pouriraient si on les y laissait plus long-temps, et on la distille.

Cette huile ainsi préparée, en l'exposant au soleil, a une odeur très-agréable, elle est très-salutaire pour la conservation du teint.

L'eau odorante que l'on retire des fleurs du lis à la chaleur du bain-marie est d'usage pour relever le teint des jeunes filles et leur enlever les taches du visage, surtout si l'on y ajoute un peu de sel de tartre.

Les fleurs de lis conservées dans de l'eau-de-vie, appliquées sur les plaies enflammées, produisent aussi de très-bons effets.

CHAPITRE VIII.

Eau d'Ange.

On retire des fleurs de myrte, en les faisant infuser dans l'eau et les distillant, une eau astringente, que l'on nomme *eau d'Ange*. Elle est fort recherchée pour sa

Le musc est un parfum extrêmement fort, mais peu agréable s'il n'est tempéré par un mélange d'autres parfums ou de poudre de sucre et d'un peu d'ambre. Les parfumeurs, les distillateurs s'en servaient beaucoup plus autrefois qu'à présent. Néanmoins il faut qu'un parfumeur en ait chez lui, quand ce ne serait que pour le mêler, en petite quantité, avec d'autres odeurs, surtout le musc de Tonkin, qui conserve très-long-temps son odeur.

On compose l'eau de musc avec l'esprit de vin, l'essence de musc, le baume de Tolu et l'eau de rose.

CHAPITRE X.

Eau de Thym.

L'usage du thym est intérieur et extérieur. L'eau de thym se fait comme l'eau de lavande. On peut dans tous les temps la mêler avec les autres essences odorantes pour composer des pommades, comme on peut employer les eaux suaves et spiritueuses pour mettre dans les flacons.

L'eau de thym est excellente contre les maux de tête. Elle est très-salutaire aux vieil-

dans les sachets que l'on compose de toutes sortes de plantes odorantes.

Il est aussi très-important que les personnes employées à éplucher les fleurs d'oranger aient le soin de ne pas les laisser trop long-temps dans leurs mains ni en trop grande quantité. La chair communique de la chaleur à la fleur et en absorbe l'odeur.

Il est, je crois, inutile de répéter que toutes les eaux se composent avec l'essence, qui, ainsi que je l'ai dit, donne la facilité d'en confectionner lorsque la saison des frimas est venue affliger la nature.

CHAPITRE XII.

Eau d'Iris de Florence.

Elle se fait par infusion de la fleur dans l'eau et par distillation ultérieure.

L'iris de Florence a une odeur de violette très-agréable. Depuis long-temps elle est naturalisée en France; les grands jardiniers fleuristes la cultivent même avec succès.

L'iris dite de Florence et qui, sans contredit, est préférable aux autres, se reconnaît facilement à sa racine, qui est d'un beau blanc. On peut avec ses racines donner un odeur de violette aux poudres.

odeur qui n'est pas désagréable et en petite quantité ; au lieu que c'est tout le contraire lorsqu'elle est falsifiée.

Pour éviter toutes ces épreuves et toutes ces contrariétés, le parfumeur doit confectionner lui-même ses essences et ses huiles.

CHAPITRE XIV.

Eau de Violette.

Elle s'exprime par essence, comme toutes les autres fleurs des jardins. Il faut seulement avoir soin de ne la point cueillir par un temps humide, et de ne point la froisser dans les mains en l'épluchant.

On fait aussi par infusion du vinaigre de violette qui est très-agréable pour jeter dans les bains, pour le lavage des mains, et pour mettre dans des flacons portatifs, afin de se prémunir contre les mauvaises émanations.

CHAPITRE XV.

Eau de Jonquille.

Il faut éplucher les fleurs de la jonquille avec une grande précaution ; elle est aussi

Vous pouvez la confectionner en petite quantité, ayant la possibilité d'en préparer à l'instant avec une mesure donnée de ces essences.

CHAPITRE XVIII.

Eau pour rendre la Bouche saine.

Si quelque chose est désagréable, c'est surtout la mauvaise haleine, que malheureusement ceux qui en sont affectés semblent vouloir vous faire sentir, malgré vous, en s'approchant de plus près pour vous parler.

Que dirais-je de ceux qui ont l'haleine infecte, soit qu'elle provienne du vice de l'estomac, ou des dents gâtées, ou d'autres causes ?

C'est donc un véritable service à rendre à toutes ces personnes, que de leur indiquer un moyen, sinon de corriger entièrement ce défaut, du moins de le dissimuler, en leur donnant la composition d'une eau capable d'opérer ce bien.

Pour y parvenir, il faut faire dissoudre dans une pinte et demie d'esprit de vin une de-

nus : ce qu'ils disent là-dessus est fort incertain.

Les cubèbes des boutiques sont de petits fruits secs, à peu près de la grosseur du poivre, grisâtres, ridés, garnis d'une petite queue et d'une odeur aromatique : ses graines sont fragiles.

Les Hollandais nous apportent les cubèbes des Indes, surtout des îles de Java, où elles croissent abondamment.

C'est un arbrisseau rampant, qui s'attache aux arbres voisins comme le lierre ; ses feuilles sont petites, ses fleurs odorantes.

Il leur succède des grappes chargées de baies rondes ; ce sont les cubèbes : on les met sécher au soleil pour les transporter.

Les cubèbes corrigent les mauvaises odeurs de la bouche, les sueurs sous les bras et aux pieds.

On extrait des cubèbes des huiles et des eaux spiritueuses. Ces eaux se mêlent avec du sucre et un peu de vinaigre ; cette boisson fortifie l'estomac et rétablit l'appétit.

On prétend que les Indiens sont si jaloux de la possession de leurs cubèbes, qu'ils les font bouillir avant de les vendre, afin qu'on ne puisse pas les semer. Il y a lieu de penser

dans le domaine des eaux à fabriquer par le parfumeur; car assurément rien n'est plus désagréable pour ceux qui les voient et pour ceux qui en sont affectés, que des yeux enflammés, et qui sont aussi bordés de filets rouges. C'est parce que l'eau de bluet est bonne pour éclaircir la vue, qu'on lui a donné le nom d'*eau de casse-lunette.*

Je viens de dire que cette eau se retirait des fleurs du bluet par la distillation. J'ai indiqué dans d'autres articles quelle était la manière de distiller.

Rien ne s'oppose à ce que, pour lui donner une odeur agréable, on y ajoute, avant de s'en servir, de l'eau de rose ou de l'eau de jasmin, ou toute autre qui n'ait rien d'irritant.

Nota. Je ne m'occuperai point de donner dans ce manuel des recettes de lait de concombre, de lait virginal, de mouron, etc. Il y a long-temps que les femmes sensées et un peu instruites ont renoncé à toutes ces recettes, qui sont plus nuisibles à la peau que conservatrices, qui donnent beaucoup de peine au parfumeur et point de bénéfice en raison du peu de débit.

TITRE III.

De la Confection des Pommades.

Je me suis appliquée dans la série des pommades dont je donne ici les recettes, à éviter d'enseigner la manière d'en fabriquer pour le teint, pour la conversation des cheveux, étant persuadée, d'après l'observation de chimistes distingués, que ces pommades sont plus dangereuses qu'utiles.

C'est autant dans l'intérêt du parfumeur que dans celui des dames que j'émets ces préceptes. Les dames raisonnables m'en sauront gré en ce qu'elles ne seront point forcées

Cette opération terminée et votre pommade refroidie, vous remettez de nouveau une seconde couche de fleurs que vous laissez jusqu'au lendemain et en suivant les mêmes procédés que pour la première couche. Après cette dernière, laissez bien reposer votre pommade, et ajoutez-y, lorsqu'elle sera tirée à clair, un demi-gros d'essence de bergamotte par livre ; vous pouvez ensuite la mettre en pot.

CHAPITRE II.

Pommade à la Jonquille.

Il faut pour une livre de graisse mettre au moins un quarteron de fleurs de jonquille, surtout des doubles, parce qu'elles sont beaucoup plus suaves.

Si l'on y ajoute du jasmin, cela lui donnera une odeur plus agréable, qui tempérera celle de la jonquille, qui est très-forte, et la rendra aussi moins susceptible de fatiguer des nerfs délicats.

un quarteron de feuilles épluchées. Cette fleur perdant facilement son odeur, pour y remédier, il faut ajouter dans l'essence quelques clous de girofle proportionnés à la quantité d'œillets.

Loin de faire tort à la pommade que l'on confectionnera avec cette essence, cela lui donnera un parfum qui, mêlé avec l'œillet, sera très-agréable.

CHAPITRE V.

Pommade à la Fleur d'Oranger.

La pommade à la fleur d'oranger se conserve beaucoup plus long-temps que les autres, si l'on a le soin de ne cueillir la fleur que par un temps sec et chaud.

Le pistil doit en être séparé. Ce pistil sert à un autre usage que j'indiquerai plus loin.

Il faut au moins une demi-livre de feuilles de fleurs d'oranger pour composer l'essence qui sera employée pour la confection d'une livre et un quart de pommade.

Il n'est pas inutile de mêler à cette pommade un peu d'essence de bergamotte, pour

fait bouillir les fleurs dans du saindoux bien épuré. On la parfume de l'essence la plus en vogue, et on la met dans des pots.

Cette pommade est un remède très-efficace pour guérir les crevasses aux mains, aux jambes, même au visage.

L'on peut en induire des gants que l'on mettra la nuit.

Il y a un ancien proverbe italien qui dit que la digitale guérit toutes les plaies.

CHAPITRE VII.

Pommade à l'Heliotrope.

L'on prend de la graisse de *bœuf* bien fraîche, que l'on fait fondre au bain-marie. Lorsqu'elle est fondue, l'on y ajoute des pommades au jasmin, à la rose, à l'œillet, à l'héliotrope, et un peu de benjoin.

Il faut éviter surtout d'étendre cette pommade sur des châssis, parce que cela fait évaporer les odeurs, et force le parfumeur (ainsi que je l'ai déjà fait observer) à mettre des couches de fleurs multipliées, qui diminuent les profits et prennent un temps considérable.

Quand elle est totalement fondue, on la tire à clair, et l'on y joint l'extrait (ou l'eau) de sept à huit concombres; puis on la laisse infuser au moins l'espace de deux jours.

Tandis qu'elle infuse, on la pétrit avec grand soin. On la bat même pour la rendre plus blanche, et on la laisse reposer. Ensuite on la passe à froid dans un linge.

Il est de toute inutilité de la faire fondre de nouveau et d'y ajouter de l'eau-de-vie et du vin blanc, ces liqueurs étant plus nuisibles qu'utiles pour le teint.

Si vous y ajoutez d'autres essences, telles que celles de rose, de jasmin, de citron, etc., vous ferez une pommade composée qui ne remplira pas votre but, et qui, au lieu de rafraîchir le teint, lui sera contraire.

CHAPITRE IX.

Pommade à la Frangipane.

Ce nom *à la frangipane* (que ceux qui ne connaissent pas l'origine de sa dénomination appellent à la *franchipanne*) est tiré

gipanier, comme on distingue trois espèces de ces arbres; les fleurs du *frangipanier blanc* sont blanches, mais bordées d'un filet rose sur un des bords seulement; celles du *frangipanier musqué* sont rouges, et la couleur en est plus foncée sur les bords; enfin celle du *frangipanier ordinaire* sont d'une belle couleur de jaune orangé, qui, passant par différentes nuances, se termine par un beau rouge de carmin.

Ceux qui attribuent le nom au frangipanier pensent que c'est le frangipanier *musqué*, dont on aurait imité l'odeur que l'on donne aux pommades, aux poudres, aux eaux et aux savonnettes qui portent le nom à la frangipane.

A qui que ce soit, de l'homme ou de l'arbre, que l'on doive le nom, sans vouloir pousser plus loin les recherches, voici comme se compose la pommade à la frangipane, qu'il serait plus naturel de nommer pommade *au pot pourri*, puisque c'est avec une quantité donnée de pommades déjà confectionnées que l'on prépare celle dite à la *frangipane*.

Je me borne, moi, à conseiller de prendre de la bonne graisse de veau ou de bœuf, que l'on fait fondre; après l'avoir bien épurée,

» Avant de mettre vos essences, vous » donnez à votre pommade la teinte que vous » jugez à propos (en indiquant toutefois » celle qui leur plaît davantage). » Mais ils ne disent pas un mot du *frangipanier*, ni de ses fleurs, ni de ses feuilles ; ils ne semblent même pas se douter qu'on puisse faire entrer son odeur.

Alors ce n'est pas de l'arbre, mais de l'homme, que la dénomination à la *frangipane* doit être prise.

CHAPITRE X.

Pommade au Baume.

L'on distingue diverses sortes de baumes : d'abord le baume, herbe odoriférante, dont on peut tirer de l'essence, et qu'on peut faire entrer dans les compositions des pommades ;

Ensuite le baume, liqueur précieuse qui distille d'un arbre qu'on nomme de ce nom, l'arbre de baume ou *baumier*, qui ne se trouvait que dans la Judée et dans l'Egypte.

Il est un autre baume, composition noire,

temps de pluie, et dans le mois de mars, un suc résineux, fluide, d'un blanc jaunâtre, inflammable, d'une odeur approchant de celle du styrax.

Quelques naturels du pays en conservent en cet état dans des bouteilles bien bouchées. On lui a donné le nom de *baume d'incision*.

On retire de l'écorce et des rameaux du baumier, en les faisant bouillir dans l'eau, un suc résineux, tenace, d'une odeur approchant celle du benjoin, comme le baume de Tolu.

On a quelquefois contrefait le *baume du Pérou*, en faisant bouillir une demi-once de santal rouge dans une livre et demie d'huile d'olive, puis y ajoutant une livre de cire jaune fondue, une livre et demie de térébenthine de Venise, et une once de baume noir du Pérou; mais ce mélange se reconnaît facilement.

L'on donne aussi le nom de *faux baume du Pérou* au *lotier odorant*.

Pour faire la pommade au baume, l'on prend, comme pour toutes les autres pommades, de la graisse de bœuf ou de veau bien préparée avec le benjoin et le styrax.

Le néroli n'est autre chose que l'*huile essentielle de l'orange*, à laquelle les parfumeurs ont donné le nom de *néroli*.

La confection de cette pomade est la même que les autres. L'on ajoute à sa qualité en y mêlant un peu d'essence de rose et de citron. Il faut surtout la confectionner avec de bonne graisse de veau, et éviter d'amalgamer d'autres pommades à cette graisse. Ce mélange de pommades est plus nuisible qu'utile, en ce que la graisse fraîche absorbe l'odeur des pommades déjà confectionnées. Il est, d'après ces réflexions, de l'intérêt du parfumeur de n'employer que des essences, surtout de celles qui sont le plus en vogue.

CHAPITRE XII.

Pommade à la Fleur d'Acacia, ou de Cassie des Jardiniers.

L'acacia est originaire du Levant; il est maintenant acclimaté en France; mais ses fleurs sont beaucoup plus odorantes dans les départemens méridionaux que dans les environs de Paris, où il est cultivé avec succès.

Ces fleurs forment des petites boules très-jolies et très-odorantes. Le parfumeur doit

cette excellente résine, qui est d'abord blanche, mais qui devient ensuite *grisâtre* et d'un rouge *brun*, maculé comme des amandes cassées ou du nouga, ce qui lui a fait donner le nom de *benjoin amygdaloïde.*

Si l'on sépare cette résine dans le temps convenable, elle est belle et brillante; mais si elle reste long-temps à l'arbre, elle devient brune, et il s'y mêle des ordures; voilà ce qui fait la différence des deux espèces de benjoins, en *sortes* et en *larmes*, que l'on trouve chez les marchands qui en font le commerce.

L'on ne retire pas plus de trois livres de benjoin ou de résine d'un même arbre. Comme les jeunes en donnent plus que les vieux, les habitans ne les laissent pas croître au-delà de six ans, à compter du temps qu'ils commencent à donner de la résine.

Le benjoin se *sublime* en fleurs argentées, lorsqu'on le tient sur le feu dans une cucurbite couverte d'un cornet de papier. Ces fleurs sont employées dans les parfums; elles ont la réputation d'enlever les taches de rousseur.

Cette résine, dissoute dans l'esprit de vin,

CHAPITRE XIV.

Pommade au Narcisse.

Le narcisse est, avec la jonquille, la fleur d'oranger et la tubéreuse, une des plantes les plus odorantes. C'est une des premières qui embellissent nos jardins au printemps. Son odeur, quoique forte, est très-suave ; il est impossible qu'on n'en tire pas de l'essence, comme de la jonquille.

On cultive le narcisse à cause de la beauté et de la bonne odeur de sa fleur. Il y en a des simples et des doubles. Les doubles forment une fleur en touffe blanche comme du lait ; quant aux simples, il s'élève de leur racine une tige haute d'un pied, creuse, nue, cannelée, portant à sa sommité une seule grande fleur évasée en godet, blanche et entourée de six feuilles d'un blanc éclatant, et d'une odeur parfaite. Ainsi que la jonquille, les narcisses simples ont beaucoup plus d'odeur que les doubles.

Ce sont conséquemment les narcisses simples qu'il faut préférer pour en obtenir une essence parfaite.

d'essences lui donnant la possibilité d'en fabriquer dans toutes les saisons.

Cette pommade est une de celles dont l'odeur suave plaît à tout le monde : elle est même assez forte pour se répandre sans pourtant incommoder. Il est donc dans l'intérêt du parfumeur d'en faire et de l'annoncer comme une des meilleures qu'il possède.

CHAPITRE XV.

Pommade à la Graisse d'Ours.

Indépendamment des pommades à la graisse de bœuf ou de veau, l'on en fait aussi à la graisse d'ours pour faciliter la croissance des cheveux.

Aujourd'hui que le défaut d'emploi de poudre et de pommade pour la tête est cause que les cheveux tombent de bonne heure, il est nécessaire, pour y remédier, d'engager les parfumeurs à se munir de graisse d'ours, afin d'en fabriquer des pommades.

Depuis long-temps cette graisse a la réputation de faire croître les cheveux ou au moins de les conserver.

Cette pommade sera plus efficace que les

Cette manière de confectionner cette pommade est beaucoup plus facile et moins coûteuse que celle que quelques fabricans emploient, qui demande beaucoup d'apprêt et des ouvriers assez instruits pour juger les degrés de chaleur qu'il faut à la graisse, ce qui dure au moins six heures, puis la passer dans un linge, et la remettre sur le feu avec quatre nouvelles livres de fleurs.

L'on évite encore le lavage de la graisse (qui est forcé) pour lui ôter la couleur d'un rouge brun qui provient des fleurs de la lavande.

L'on est obligé de laver cette pommade dans plusieurs eaux, en l'agitant avec un pilon de bois jusqu'à ce que la dernière eau sorte très-claire.

Ensuite l'on est encore obligé, lorsqu'elle est figée, de la remettre fondre jusqu'à deux ou trois fois, afin d'absorber toute l'humidité.

Quel bénéfice le parfumeur peut-il espérer, étant forcé d'employer tant de bras pendant une huitaine de jours, tant de combustible ?

Ceux qui indiquent cette manière croient la justifier en disant que *toutes ces préparations sont nécessaires pour séparer la*

cela suffit pour l'odorer convenablement. Elle conserve long-temps son arome, et peut aller presque de pair avec la pommade à l'essence pure, coûte bien moins cher, et procure un plus grand débit au parfumeur.

CHAPITRE XVIII.

Pommade aux Limaçons.

Les naturalistes ont donné l'anatomie de cet animal. Il serait trop long de la détailler ici, et inutile pour le parfumeur, qui n'a besoin que de connaître la partie qui lui est nécessaire pour confectionner sa pommade.

Cette partie se trouve dans le bas-ventre: elle consiste en substance grasse, visqueuse, gluante, qui s'attache fortement aux doigts; elle est jaunâtre et collée aux intestins.

C'est avec cette substance grasse que l'on compose la pommade de limaçon, et c'est la seule qui puisse remplir l'objet auquel elle est spécialement consacrée, la guérison des boutons, et même de prévenir ceux qui viennent au visage le plus communément au printemps.

Moins cette pommade est compliquée,

ou sur de la cendre chaude. On coule ce mélange dans un mortier de marbre et on l'agite avec un pilon de bois jusqu'à ce qu'il soit froid et qu'il ne paraisse plus de grumeaux. Alors on mêle l'eau de rose peu à peu et en l'agitant jusqu'à ce qu'elle soit bien incorporée.

Cette pommade devient très-blanche par l'agitation; elle est légère et semblable à de la crème, ce qui lui a fait donner le nom de *pommade en crème*.

Dans ce dernier cas, on la mêle avec dix grains de safran et quinze grains de craie de Briançon en poudre, que l'on ajoute aux autres substances que je viens d'énoncer.

C'est un excellent cosmétique. Elle est bonne pour adoucir la peau, pour dissiper les rides causées par la sécheresse; elle est encore bonne pour cacher les marques de la petite-vérole, si l'on a eu le malheur de n'être pas vacciné.

CHAPITRE XX.

Pommade ou Cérat pour les Lèvres.

On prend quatre onces d'huile d'olive, ou,

CHAPITRE XXI.

Pommade au Lilas.

Le lilas est un des premiers et des plus beaux bouquets du printemps ; il flatte autant l'odorat par son odeur suave, qu'il flatte la vue par sa forme svelte, élégante, et par ses couleurs vives, fraîches et brillantes.

L'on a dû faire tout pour conserver son odeur, et l'on a dû aussi employer toutes les substances pour les amalgamer, comme on s'est plu à le représenter par les fleurs artificielles, la peinture, le dessin, et par tous les moyens propres à conserver son image. Il semble que la nature ait pris plaisir à nous faire passer du temps sombre et triste de l'hyver au temps brillant et joyeux du printemps, en nous donnant l'aspect du lilas, l'une des fleurs les plus aimables, les plus odorantes et les plus enchanteresses.

Pour faire la pommade au lilas, l'on prend de la graisse de veau ou de bœuf bien épurée, que l'on fait fondre au bain-marie, en y ajoutant, pour trois livres, quatre onces de sto-

sur celle à la graisse, qui n'a ni la même onction ni la même légèreté, et ne peut produire le même effet sur la chevelure.

Par la raison qu'elle fut en vogue, il n'y eut bientôt plus de possibilité de satisfaire à toutes les demandes qui en furent faites.

Dès-lors, les marchands substituèrent d'autres graisses à la moelle de bœuf, la vendirent à meilleur marché, et la discréditèrent.

Parce qu'alors on la falsifia et que l'usage s'introduisit de la remplacer par la pommade à la graisse de bœuf ou de veau, comme devant être plus légère, il n'est pas dit pour cela qu'il ne doive pas en être fait de véritable; au contraire, comme elle a sur la chevelure une action beaucoup plus sûre que celle à la graisse, maintenant, surtout, que l'on ne nourrit plus les cheveux, comme autrefois, avec la pommade et la poudre, je vais enseigner la manière de la composer, persuadée que je suis que son emploi peut aussi bien, si ce n'est mieux, conserver les cheveux que les différentes substances auxquelles on a recours aujourd'hui.

Pour faire six livres de pommade à la moelle de bœuf (dans le cas où vous voudriez en faire

y faire entrer, et qu'il n'y en a point, ou presque point, par la manipulation.

Je conseille et conseillerai toujours aux parfumeurs, pour qu'ils puissent faire leurs amalgames, de confectionner des essences, des eaux et des huiles, de toutes les fleurs et plantes odorantes ; ils auront infiniment plus de bénéfice. Ils auront de plus la facilité de fabriquer des pommades de toutes les sortes toute l'année, et de leur donner les noms pompeux qu'ils croiront plus favorables au débit.

Lorsque cette eau est bien clarifiée, on la met dans des bouteilles avec un tiers d'eau de rivière filtrée. Il faut les bien boucher, afin que la liqueur ne s'évapore point. Quand elle a été conservée deux ou trois mois, l'on peut la distribuer dans de petites bouteilles ou flacons, en parfumer les mouchoirs, les schalls, etc. Elle est excellente contre les mauvaises odeurs, et en prévient les effets.

Les personnes qui voudront avec cette eau se procurer de la liqueur d'un goût exquis, pourront, avant d'ajouter *l'eau* de rivière à *l'eau* de-vie, y mettre du sucre bien fondu, en quantité nécessaire pour qu'elle soit succulente.

Le parfumeur peut conséquemment, sans augmenter sa' dépense, se donner cette petite jouissance.

CHAPITRE II.

Eau d'argent.

Pour la faire, vous prenez les zestes de deux citrons bergamottes, ceux de deux belles oranges, deux gros de cannelle fine cassée par morceaux, du sucre cassé aussi par morceaux, et vous faites fondre le tout dans de l'eau de

Pour y parvenir on enlève avec un canif la surface de la peau de ces fruits, appelée *zeste*. On la jette dans de l'eau-de-vie ou même dans de l'esprit de vin, et on l'y laisse infuser pendant un mois.

L'on peut conserver cette eau et l'employer sans la distiller. Cependant il faut avoir recours à l'alambic, si l'on veut qu'elle reste sans couleur.

CHAPITRE IV.

Eau de Citron et de Girofle.

Pour une pinte d'eau-de-vie, prenez un citron bien sain et piquez-le de clous de girofle. Mettez-le ensuite dans de l'eau-de-vie, et laissez-le infuser au moins un mois.

Cette eau a un arome très-fort et préservatif contre le mauvais air.

CHAPITRE V.

Eau de Citronnelle.

Prenez des citrons mûrs, d'une couleur vive, pointillés et dont l'écorce soit épaisse.

CHAPITRE VII.

Eau de Cologne.

Elle est, avec l'eau de mélisse, une des plus renommées.

Pour confectionner cette eau, il faut dix pintes d'esprit de vin à trente degrés, quatre onces d'essence de bergamotte, une once d'essence de cédrat, une once de fleurs de citron, deux gros de fleurs de lavande, deux gros d'essence de romarin, autant de celle de menthe, un gros d'essence de girofle, un gros d'essence de thym, et une once d'essence de néroli ou huile essentielle d'orange.

On met toutes ces substances dans une grosse bouteille, et on l'agite à plusieurs reprises.

Lorsqu'on emploie du bon esprit de vin et des essences fines, cela procure de très-bonne eau de Cologne.

Beaucoup de parfumeurs se contentent de mêler les essences avec l'esprit dans une bouteille ; mais, lorsqu'on veut donner à cette eau un grand degré de perfection, il faut la distiller au bain-marie.

L'eau de Cologne est d'un usage général

CHAPITRE IX.

Eau de Gayac (1).

C'est une des meilleures eaux que l'on puisse employer pour ajouter à celles que l'on prend pour se rincer la bouche.

Pour la préparer, l'on met dans une bouteille ordinaire deux onces de gayac râpé, et l'on remplit la bouteille avec de bonne eau-de-vie. L'on peut, après douze ou quinze jours d'infusion, s'en servir.

L'on peut aussi sans aucun inconvénient, laisser le gayac dans l'eau-de-vie, et n'en prendre que la quantité qui est nécessaire pour huit ou dix jours. Loin que cela lui soit nuisible, l'eau-de-vie qui reste dans la bouteille s'améliore et l'on peut même, au bout de deux mois, si la bouteille n'est qu'à moitié, la remplir avec de nouvelle

(1) Le gayac est un arbre qui donne un bois très-compacte et très-dur, qui croît naturellement à la Jamaïque, dans presque toutes les Antilles, et généralement dans la partie de l'Amérique qui est située sous la zone torride.

petite sauge, d'angélique, d'absinthe, de sariette, de fenouil, d'hysope, de mélisse, de basilic, de rue, de thym, de verveine, de marjolaine, de romarin, de serpolet, de fleurs de lavande.

L'on coupe sans précaution toutes ces plantes, et on les laisse infuser, pendant huit jours au moins, dans six pintes d'esprit de vin à vingt-cinq degrés.

Vous ne devez passer votre liqueur, qu'après avoir découvert le vase qui la renferme, et que les émanations ne vous ont pas permis de la flairer l'espace d'une demi-minute; ensuite vous la filtrez à travers un linge blanc. Vous pouvez la serrer dans des bouteilles.

Si vous désirez l'avoir parfaitement blanche, vous la distillez à l'alambic; mais cela n'ajoute rien à sa qualité.

Cette eau guérit les contusions, en l'appliquant en compresse sur la partie blessée. Lorsque les coups sont violens, l'on peut faire de l'eau de boule avec cette eau vulnéraire. On y délaie un peu de boule de Nancy.

Voyez ci-après au chapitre XV.

CHAPITRE XII.

Eau ou Esprit de Cochléaria.

L'on prend cinq livres de feuilles de cochléaria, une livre de racines fraîches de raifort, l'on coupe les racines le plus mince possible et l'on pile les feuilles dans un mortier, on infuse le tout dans trois livres d'esprit de vin. Après quatre à cinq jours d'infusion, vous distillez au bain-marie jusqu'à ce que vous ayez obtenu trois livres de liqueur, qui est l'esprit ardent de cochléaria.

Le cochléaria est un spécifique contre le scorbut de terre. Il est propre à raffermir les gencives. On en prend le suc ou l'infusion.

CHAPITRE XIII.

Eau de Jonquille.

Vous prenez pour une pinte d'eau-de-vie un quarteron de fleurs de jonquille doubles, comme les plus odorantes, vous les épluchez avec les précautions que j'ai indiquées, vous mettez infuser ces fleurs pendant une quinzaine de jours et vous filtrez. Toutes ces eaux d'odeurs sont recherchées par les dames.

qu'alors qu'elles sont fleuries et dans leur plus grande vigueur. Elles se trouvent sur les montagnes de la Suisse et de l'Auvergne. Les paysans génevois et suisses, dès qu'ils les ont ramassées, les coupent par petits morceaux pour les déguiser ; puis ils les font sécher pour s'en servir en infusion.

Ces herbes vulnéraires sont les feuilles et fleurs de *sanicle*, *de bugle*, *de pervenche*, *de véronique*, *de pyrole*, *de pied-de-chat*, *de pied-de-lion*, *de langue-de-cerf*, *de capillaire*, *d'armoise*, *de pulmonaire*, *de brunelle*, *de bétoine*, *de verveine*, *de scrophulaire*, *d'aigremoine*, *de petite centaurée*, *de menthe*, *de piloselle*.

Les Suisses vendent ordinairement aux droguistes leurs *faltranchs* en paquets de deux onces.

Lorsque l'odeur, la couleur et la saveur sont de la qualité requise, les propriétés en sont plus efficaces.

Faltranck est un nom allemand composé de *fallen* tomber et de *tranck* boisson ; ce qui signifie *liqueur propre pour ceux qui sont tombés.*

L'eau vulnéraire que l'on fabrique en France est supérieure à celle de Suisse, en ce que

vous pilez un peu, puis vous mettez infuser cette composition dans vingt-cinq pintes d'esprit fin et six pintes d'eau de rivière, l'espace de six à sept jours. Ensuite vous la distillez pour en tirer à peu près la quantité d'essence que vous y avez mise.

Cette eau jouit avec raison d'une grande réputation : aussi en fait-on une grande consommation, ce qui doit engager le parfumeur à en confectionner.

CHAPITRE XVII.

Eau de Menthe.

Pour la faire, mettez dans le bain-marie de l'alambic quatre pintes d'eau-de-vie, douze onces de menthe frisée fraîchement cueillie, les zestes de trois ou quatre beaux citrons les plus odorans possible. La distillation vous fournira deux pintes de liqueur, dans lesquelles vous ferez dissoudre un gros d'essence de menthe poivrée : puis vous la filtrerez et la mettrez dans des bouteilles bien fermées.

cette plante entière comme propre à résister au venin.

Il faut une demi-livre de fleurs d'œillets par pinte d'eau-de-vie. L'on doit les éplucher avec précaution et les mettre à mesure dans l'eau-de-vie, afin que l'air ne les frappe point.

L'on en met aussi en infusion dans du vinaigre et de l'eau. Si ce sont des œillets rouges, l'odeur est agréable, vous distillez celle-là à l'eau-de-vie, au vinaigre, à l'eau, et la mettez dans des bouteilles bien fermées.

CHAPITRE XX.

Eau d'Or.

Pour confectionner cette eau l'on prend les zestes de deux ou trois beaux citrons et un demi-gros de macis.

L'on distille ces substances au bain-marie de l'alambic dans deux pintes d'eau-de-vie. Si vous voulez la rendre plus suave, vous y ajoutez une demi-livre de fleurs d'oranger, vous réunissez ces deux produits et vous colorez ces deux mélanges avec de la teinture de safran ; vous les filtrez et mettez l'eau en bouteilles. Ensuite vous faites à l'égard des

une cruche ; si le débit est plus considérable, l'on est toujours à temps d'emplir des bouteilles quand la cruche est avancée.

On fait encore une autre eau des sept graines, dans laquelle on ajoute de l'angélique, avec toutes les plantes désignées ci-dessus ; on les concasse et on les fait infuser pendant un mois dans quatre pintes d'eau-de-vie, on les filtre et on les met en bouteilles.

CHAPITRE XXII.

Eau et Essence de Roses.

L'on prend des roses nouvellement cueillies ; on les épluche et on les pile légèrement, seulement pour les amortir un peu ; on les met ensuite dans un alambic, que l'on couvre de son chapiteau, en ayant soin de bien boucher le tuyau du récipient.

On laisse l'infusion s'opérer pendant quatre jours, ensuite on distille, on retire les premières gouttes, et on les sépare, parce qu'elles nuiraient à la confection de l'essence.

On met le bec de l'alambic au récipient, que l'on a soin de bien luter, et ce qui coule est alors de l'eau de roses double.

puis que l'on s'est convaincu des avantages qu'elle procure.

L'on en fait usage à l'intérieur et à l'extérieur. Le vinaigre dans lequel sa fleur a infusé est excellent pour raffermir les dents. Il guérit radicalement les ulcères qui viennent quelquefois dans la bouche. L'eau avec laquelle on l'a distillé augmente le lait des nourrices, et modère promptement les inflammations des yeux.

Elle a aussi d'autres propriétés qui regardent la médecine; mais ce qui est du domaine du parfumeur ne doit point être négligé par lui puisque les résultats de ses travaux seront utiles.

L'on peut extraire des feuilles de la verveine de l'essence, laquelle essence sert à mettre dans du thé de feuille de sauge. Cette boisson apaise promptement les vapeurs.

La verveine odorante est regardée aujourd'hui comme une plante précieuse. Les anciens l'appelaient *hiérobotane* (herbe sacrée). Ils s'en servaient pour les couronnes des hérauts d'armes, lorsqu'on les envoyait annoncer la paix ou la guerre.

on les essences de toutes les fleurs devraient y entrer, si un bouquet bien composé n'exigeait pas que l'on n'y mît que des fleurs de choix.

Il faut également dans cette eau ne faire entrer que les eaux et les essences qui peuvent bien s'amalgamer sans être trop disparates.

Ainsi, dans deux pintes d'esprit de vin fin, l'on fait dissoudre un demi-gros d'huile de girofle, deux gros d'esprit du même, deux gros d'essence de bergamotte, un gros d'essence de thym.

Après la dissolution de ces substances, l'on ajoute des extraits de rose, de jonquille, de violette, de tubéreuse, de fleurs d'oranger, un poisson, des extraits de jasmin, un demi-setier, de réséda et de cassie un demi-poisson. Agitez le tout, et ajoutez-y un demi-gros d'essence d'ambre, autant d'essence de musc, et deux gros d'esprit ou teinture de benjoin.

L'eau de bouquet s'emploie pour la composition de l'*eau de mille fleurs*, à laquelle l'on ajoute de l'essence de néroli, et de l'essence ou teinture de vanille.

Lorsque cette préparation est terminée,

manière de la composer et la placer aussi au nombre des eaux odorantes.

Pour la faire, vous mettez dans six pintes d'esprit de vin rectifié une livre et demie de roses, un demi quarteron de fleurs d'oranger, les zestes d'un citron que vous pilez le plus fortement possible, un gros d'ambre, et un gros de musc. Vous broyez le tout ensemble; vous y ajoutez deux onces de coriandre, deux gros de girofle, deux onces de vanille coupée par morceaux, alors vous mettez ces fleurs et aromates, dans douze onces de miel fin; vous y ajoutez un demi-litre d'eau de rose. Vous laissez infuser le tout pendant trois jours et le distillez ensuite au bain-marie.

Vous pourrez au lieu des substances en nature, qui viennent d'être énoncées, employer des essences et même en ajouter, telles que de jasmin, de rhodia et de baume de Tolu, y infuser le miel, le dissoudre et le filtrer à la chausse.

Vous aurez alors une composition que vous intitulerez extrait de miel, qui pourrait entrer elle-même dans d'autres compositions.

d'essence de musc, et une demi-once d'essence d'ambre. Vous mêlerez le tout ensemble et vous aurez une eau parfaitement odorante.

Pour l'employer pour la figure, il ne faut qu'en verser quelques gouttes dans un verre d'eau; elles la rendront blanche comme du lait.

Pour l'*eau de musc*, sur deux pintes d'esprit de vin rectifié, vous en mettez une d'esprit d'ambrette, avec deux onces de baume de Tolu, une once de teinture de vanille, une d'essence de musc, et deux gros d'essence d'ambre. Vous y ajoutez de l'eau de rose en quantité suffisante pour lui donner toute la force qu'elle doit avoir.

Si c'est de l'*eau de Chypre* que vous voulez composer, dans une pinte d'eau de jasmin vous mettez un poisson d'eau de bergamotte, un d'eau de violette, un de tubéreuse, un d'esprit d'ambrette, une once de baume de Tolu, une demi-once de storax, une once d'essence d'ambrette et une de musc. Ensuite vous y versez un demi-poisson d'eau de rose simple, et battez le tout ensemble, de manière que les odeurs se mêlent sans que l'une domine l'autre, et cependant assez bien pour former un tout délicieux.

TITRE V.

Des Vinaigres odorans pour la Toilette.

On doit toujours prendre les meilleurs vinaigres pour la composition de ceux que l'on destine pour la toilette; et même on doit donner la préférence aux vinaigres blancs.

On parfume les vinaigres, et on les fait de deux manières, soit par infusion, soit par distillation. Toutefois la distillation est la meilleure, parcequ'elle blanchit le vinaigre, et lui donne de la force.

Cette règle posée, je vais m'occuper de son application aux différens vinaigres.

Le nombre des vinaigres n'est pas grand; il se borne à quatre ou cinq, on pourrait

Ce vinaigre est très-recherché pour la toilette.

CHAPITRE II.

Vinaigre mélangé.

La confection en est très-facile : on choisit les plantes dont l'odeur est agréable, comme lavande, romarin, sauge, œillets musqués, roses, et roses musquées. On met quatre onces de chacune de ces fleurs dans du fort vinaigre, et on les laisse infuser pendant quinze jours à froid.

Ce temps expiré, on le passe à travers un linge, en exprimant toute la liqueur que les fleurs et plantes contiennent.

Si l'on veut avoir le vinaigre plus clair, on le passe de nouveau dans un papier gris.

Si l'on veut lui donner une couleur rouge, l'on y met infuser un gros de racine d'orcanète par pinte.

Pour l'avoir parfaitement limpide, il faut le distiller au bain-marie.

On peut employer, pour composer ce vinaigre, les plantes fraîches ou sèches. Je préfère les fraîches quoiqu'elles consomment le double, mais aussi elles ont plus d'arome.

CHAPITRE IV.

Vinaigre composé de Romarin, de Lavande, de Sauge et de Thym.

Ce vinaigre est un diminutif du vinaigre antiputride et curatif. Il est très-facile à faire, et peut être très-utile aux voyageurs qui passent les nuits dans les diligences.

Les haleines, les sueurs et d'autres inconvéniens répandent dans ces voitures des émanations qui deviennent malfaisantes, et forcent, dans les temps froids et pluvieux, à ouvrir les portières ; ce qui occasione des rhumes et des douleurs.

Tout voyageur est obligé dans son intérêt d'avoir un flacon de ce vinaigre.

Pour le confectionner, l'on prend une forte poignée de feuilles de sauge, autant de thym, de lavande et de romarin, que l'on met infuser dans une pinte de vinaigre d'Orléans pendant vingt-quatre heures. Au bout de ce temps, on pile trois ou quatre gousses d'ail, que l'on jette dans ce vinaigre, avec une forte poignée de sel gris, et on le met au bain-marie pendant vingt-

d'absinthe, de sariette, de baume, de pimprenelle, d'estragon, de chervis, de basilic (1).

Vous ajoutez des clous de girofle, de la cannelle; vous mettez le tout infuser dans du bon vinaigre d'Orléans, en y ajoutant du sel en quantité proportionnée à celle du vinaigre. Il faut aussi une forte tête d'ail, dont vous n'ôterez que la sommité et laisserez la seconde enveloppe. On doit éviter de l'exposer au soleil pendant son infusion. Il faut toujours laisser toutes les plantes dans ce vinaigre.

Les dames surtout doivent avoir de ce vinaigre, parce qu'il leur est d'une grande utilité dans les indispositions qui leur sont personnelles; et, si elles ont le bonheur d'être mères de famille, il leur est indispensable pour les blessures, coupures, contusions, que leurs enfans même en jouant peuvent recevoir.

Si ce ne sont que des coups sans effusion de

---

(1) Boerhaave, dans son traité des plantes du jardin de Leyde, considère ces racines non-seulement comme vulnéraires, mais comme le meilleur remède que l'on puisse employer pour le crachement de sang. J'en ai fait l'expérience, qui m'a

tenus. Je me bornerai à annoncer que je connais des femmes qui ont passé la soixantaine, qui n'ont pas une ride, qui ont conservé leurs dents, et cela, en se lavant le visage tous les matins avec ce vinaigre, et en frottant leurs dents en dedans et en dehors avec un linge imbibé de ce vinaigre.

Je pourrais citer beaucoup d'autres propriétés de ce vinaigre; mais, comme elles ne sont pas du ressort du parfumeur, je les passe sous silence.

CHAPITRE VI.

Moyen de conserver les Vinaigres et de les décolorer.

Si l'on veut rendre le vinaigre extrêmement limpide, l'on prend un trentième du poids du vinaigre de charbon bien pilé, on le mélange à froid dans un vase de verre, en ayant soin de l'agiter de temps en temps.

On filtre ensuite son vinaigre avec un papier gris deux fois de suite et sans charbon.

Il faut tenir les vinaigres dans des vases bien propres, bien bouchés, dans un en-

» ventions qui seront commises à cet
» égard, en versant vingt gouttes d'une so-
» lution aqueuse de muriate de baryte dans
» environ quatre onces de vinaigre, que
» l'on aura soin préalablement de filtrer,
» s'il n'était pas clair.

» Cette épreuve doit être faite dans un
» vase de verre bien transparent. Si le mé-
» lange ne se trouble pas, on sera disposé à
» croire qu'il ne contient point d'acide sul-
» furique; si, au contraire, il se trouble,
» et que peu à peu il se forme un précipité
» au fond du vase, on conclura qu'il y a
» dans le vinaigre, soumis à l'expérience,
» de l'acide sulfurique.

» La quantité, plus ou moins grande, de
» précipité formé, suffira pour donner une
» idée approximative de la quantité d'acide
» sulfurique que le vinaigre contient.

» Ce genre d'essai ne pourra être confié
» qu'à des personnes habituées à en faire de
» semblables.

» Dans le cas où le propriétaire du vi-
» naigre qui aurait été jugé, d'après l'expé-
» rience qui vient d'être proposée, contenir
» de l'acide sulfurique, déclarerait ne pas
» s'en rapporter à cette seule épreuve, il en

TITRE VI.

Des Poudres de diverses Sortes avec des Odeurs variées.

CHAPITRE I.

De la Manipulation des Poudres.

Quand on a de l'amidon et un moulin, on peut faire de la poudre. Il faut choisir l'amidon le plus blanc, le plus sec, et qui n'ait aucune mauvaise odeur, surtout quand on doit l'employer pour confectionner des poudres odorantes. Il faut aussi qu'il soit bien tamisé et que la poudre en soit extrêmement fine : le tamis conséquemment doit être de soie et très-fine.

L'on était dans l'usage autrefois, pour confectionner les poudres d'odeurs, d'employer des boîtes de bois dans lesquelles l'on mettait un lit de poudre, un lit de la fleur que

sible de la vendre, même quand il l'aurait mise dans un four d'une chaleur modérée, l'arome des feuilles et des fleurs s'évaporant aux chaleurs factices.

Après tout le temps perdu et tous les risques courus, il fallait encore mettre les boîtes qui contenaient les poudres dans un endroit très-sec, et quelquefois même les mettre sur des fours pour les sécher entièrement, ce qui nécessitait de les repiler, retamiser, et occasionait nécessairement une perte réelle.

Aujourd'hui que toutes les sciences sont poussées très-loin, et que l'on a pu se convaincre qu'avec moins de travaux et moins de risques à courir l'on parvient à mieux faire, le fabricant peut confectionner davantage, vendre meilleur marché, et conséquemment avoir un plus grand débit.

Je vais indiquer la manière la plus usitée parmi ceux qui étudient leur art : je dis leur art, car un bon parfumeur qui combine et calcule l'avantage de l'acheteur, sans nuire à ses bénéfices personnels, rend certainement un service au public, et mérite d'être considéré.

Malgré que cette matière se trouve en plusieurs endroits, c'est cependant un aromate rare et précieux ; il n'est nullement nuisible. On le rend plus actif encore en le mêlant avec une petite quantité de musc de civette. Les parfumeurs qui ont étudié leur état ne peuvent avoir aucune crainte que cet aromate soit malfaisant ; il est au contraire très-utile pour fortifier le cerveau.

Les orientaux en font un grand usage ; ils l'estiment même propre à prolonger la vie.

CHAPITRE III.

Poudre à la Fleur d'oranger.

Les fleurs d'oranger à cause de leur odeur agréable sont préférées à celles des roses, de l'ambre et du musc.

Elles sont fort en usage en France, pour les parfums et même dans les liqueurs, etc. L'on en tire une eau qui est céphalique, et une huile essentielle à laquelle on a donné le nom de *néroli* : c'est un excellent parfum.

La fleur d'oranger, lorsqu'elle a obtenu le degré de dessication nécessaire, est facile à pulvériser. L'on en mêle la quantité pro-

lorsque la dessication est faite, on les pulvérise, et l'on en obtient la poudre que l'on mêle avec celle provenant de l'amidon.

CHAPITRE V.

Poudre de Chypre.

L'on fabriquait, avant que l'art eût été pour ainsi dire perfectionné, des poudres dont les noms en imposaient aux personnes n'ayant aucune notion de l'histoire naturelle et conséquemment ignorant les produits qu'on en peut tirer, tant pour la santé que pour satisfaire la sensualité.

De ce nombre est la poudre de Chypre que l'on préparait avec de la *mousse de chêne.*

L'on était à la vérité obligé d'y ajouter des aromates qui pouvaient au moins faire illusion; mais, si un acheteur eût su que cette poudre était confectionnée avec de la *mousse*, laquelle mousse ne prend naissance que sur les écorces du chêne, du peuplier, de l'orme et quelquefois aussi sur les vieux pommiers, et qu'elle ne possède aucun arome, il aurait préféré indubitablement les poudres fabriquées avec les fleurs

et leur beauté. Du plus simple au plus double, il n'y a qu'à louer pour la réunion de ces divers avantages.

Les tiges des œillets sont généralement très-nombreuses, cylindriques, hautes d'un pied, et même de deux, suivant les espèces, *genouillées*, noueuses et branchues.

Leurs feuilles naissent de chaque nœud, deux à deux, longues, étroites, dures et verdâtres, et leurs fleurs naissent aux sommités des tiges. On connaît leur forme ronde, légèrement dentelée, leurs diverses couleurs, souvent mélangées, et leur odeur approchant de celle du clou de girofle.

Les œillets que l'on distingue communément, sont les violets, les rouges, les incarnats, les jaunes, les couleurs de rose, les blancs (1), les piquetés et les œillets à trois couleurs.

Pour composer la poudre à l'œillet, l'on prend ordinairement les *rouges*, les *violets* ou les *incarnats*, comme étant d'une odeur plus forte et plus aromatique. Sur un lit de

---

(1) Les blancs ne conservent point leur odeur. Il faut en employer le moins possible pour mêler avec les poudres.

On renouvelle ce *remuement* de temps à autre, dans l'année, tous les deux ou trois mois.

Si la poudre avait perdu son odeur, il faudrait, si la saison le permettait, recommencer l'opération première des lits de poudre et des lits de fleurs.

Si l'on veut faire de la poudre d'œillet *composée*, l'on prend des poudres d'iris, de violette, de girofle, de cannelle, de bois de Rhodes, de fleurs d'oranger sèches, d'écorces de bergamotte, de roses de Provins et de grains d'ambrette, de chacune une quantité égale, à l'exception du girofle, dont il faut une quantité triple. L'on mêle ces poudres à la poudre d'amidon, en ne mettant pourtant qu'une livre des diverses poudres confondues sur cinquante livres de poudre d'amidon. Cet amalgame étant bien fait, l'on remue le tout, et on le tamise dans le tamis le plus fin possible.

CHAPITRE VII.

Poudre à la Giroflée.

Il y a peu de différence, ou plutôt il n'y en a pas du tout dans la composition de cette

La blanche double doit être préférée par le parfumeur, en ce qu'elle a plus d'arome que les autres, et conserve aussi son odeur plus long-temps.

La giroflée est la fleur avec laquelle la julienne a le plus de rapports. Aussi est-ce pour cela que je la classe après la giroflée.

Pour faire la poudre à la julienne, il n'y a point d'autre procédé que celui indiqué dans le chapitre précédent pour la *poudre à la Giroflée*. J'y renvoie le lecteur.

CHAPITRE IX.

Poudre au Muguet.

Le muguet, ou *le lis des vallées*, est une plante fort agréable, qui vient dans les vallées, dans les haies, dans les buissons, à l'ombre, et parmi les arbrisseaux aux lieux humides.

Du milieu de ses feuilles, s'élève une tige haute d'un demi-pied, grêle, anguleuse et nue, d'où naissent un grand nombre de fleurs, inclinées, flottantes, blanches, en cloche, d'une odeur très-suave et pénétrante.

Il n'y a pas d'autre procédé pour faire la poudre au muguet que pour faire celle à la giroflée. Voyez-le au chapitre VII.

est un peu revenu de l'erreur que produisaient ces annonces factices, et l'on n'ignore plus que toutes ces poudres se composent comme celles à odeurs simples, et qu'il n'y a que l'amalgame des poudres de toutes ces plantes qui composent celles annoncées aussi fastueusement.

Je conseille d'après cela aux parfumeurs d'en confectionner peu, afin de n'être pas obligés de les vendre à perte lorsqu'elles auront perdu leur arome, et surtout d'éviter de les confectionner ainsi que l'indique l'ancienne manière bien surannée.

A l'égard des poudres *noire*, *ardoise*, *blonde* et *chamoise*, il serait inutile d'en parler ; les femmes les plus recherchées dans leur toilette rougiraient d'en faire la demande à un parfumeur.

Si l'usage de la poudre revenait généralement, il n'y a pas de doute que ce serait encore la poudre blanche qui serait préférée.

Les *Sachets* sont toujours de mode ; aussi vais-je m'occuper d'indiquer la manière de composer les plus odorans et qui conservent le plus long-temps leurs odeurs.

plus. Vous les mettez dans vos armoires ou vos cartons.

CHAPITRE II.

Sachet au Pot-pourri.

Son annonce indique que l'on doit le composer d'autant de fleurs possible, surtout de celles qui conservent le plus long-temps leurs parfums.

Lorsque l'on aura déterminé la quantité de fleurs dont on veut composer le sachet, l'on aura le soin de les cueillir à l'instant où le soleil aura déjà pompé l'humidité du matin, instant où les fleurs sont plus odorantes.

Je ne conseillerai point, après la dessication de ces fleurs, de les réduire en poudre, parce que j'ai éprouvé que cette poudre devient très-volatile et qu'en vieillissant elle rafine beaucoup; alors il est presque impossible de la contenir dans le taffetas, ou la peau très-mince que je préférerais au taffetas, et le sachet finirait par n'être plus assez rempli, l'air s'y introduirait et il perdrait beaucoup de son parfum, chose qui constitue son mérite.

de lavande, d'hysope, de marjolaine, de verveine odorante, de petite sauge, de romarin, de basilic.

Vous y ajouterez quelques clous de girofle, une muscade que vous ne réduirez point en poudre, parce que cette poudre s'attacherait aux feuilles, pomperait le peu d'humidité qu'elles auraient conservée et finirait par donner une odeur de moisi très-désagréable. Vous vous contenterez de les concasser et surtout vous éviterez d'y introduire le peu de poudre qui s'échappera lorsque vous les concasserez.

Ces poudres ne seront point perdues et pourront vous servir pour parfumer des poudres ou essences, etc.

En suivant exactement ces procédés, vous pourrez intituler vos sachets, *sachets de Montpellier*, puisque les annonces font tout ici.

Voyez au titre XIV, chapitre XXVI, *Sachets pour les bains*.

Nota. L'on peut faire des sachets de toutes les fleurs odorantes et qui conservent leur odeur, de la même manière que celle indiquée pour le sachet de Montpellier.

Je vais passer aux Pots-pourris aromatiques.

parfait d'une seule de ses tiges, justifient le goût qu'elle inspire.

Malgré son odeur suave, elle ne peut composer à elle seule un pot-pourri, parce que l'on entend par *pot-pourri* un mélange de plusieurs fleurs que l'on réunit, et conséquemment on ajoute à la fleur de jacinthe des fleurs de lavande, de violette, de baume, de menthe, de jonquille en bien moindre quantité.

L'on met ces fleűrs dans des vases impénètrables à l'air ; on y ajoute du sel blanc proportionné à la quantité de fleurs, et seulement pour qu'il pompe l'humidité des fleurs, et les empêche de prendre une odeur *moisie*.

Il y a d'aimables diversités de couleurs dans les jacinthes ; on les divise en simples et en doubles : les doubles conservent leur odeur plus long-temps que les simples.

D'après cette expérience, il faut n'employer que les doubles pour les pots-pourris.

Il est essentiel d'ajouter à ces fleurs, afin que le pot-pourri donné plus d'odeur, quelques clous de girofle, de la cannelle et de la muscade.

Il faut aussi mettre des fleurs de jacinthes

TITRE IX.

Des Parfums et des Huiles odorantes.

Les Parfums et les Huiles odorantes se font par expression et par distillation.

CHAPITRE Ier.

Des Parfums et des Cassolettes.

On leur donne plusieurs dénominations, comme parfums d'Arabie, de Portugal, etc.

Leurs noms sont donnés à l'odeur aromatique plus ou moins subtile et suave, qui s'exhale d'une substance quelconque.

Les parfums les plus estimés sont ceux d'Arabie, qui sont l'encens, la myrrhe, le benjoin, le baume blanc, le storax, etc.

Viennent ensuite les parfums dits de l'Inde, qui sont des pots-pourris composés d'écorces de citron, de bois d'aloës, de girofle, de macis, de muscade, de cannelle, d'ambre, de musc. Nos parfums d'Europe sont composés de lavande, de jasmin, de thym, de

que les autres, et ont assez d'arome pour qu'on puisse les employer aux parfums.

L'essence, le parfum, ou l'extrait de Portugal, se fait avec l'écorce d'orange..

Voici la meilleure manière de les confectionner. L'on prend une demi-livre d'orange sèche, deux livres de clous de girofle; l'on y joint une once de storax (1), une once

(1) Le styrax ou storax *calamite* est une résine précieuse qui découle d'un arbre connu sous le nom d'*Alibousier*. Cet arbre est de la grandeur d'un olivier, et croît dans les forêts de la Provence. Ces arbres, en Provence, ne donnent que très-peu de résine : on en retire beaucoup de ceux qui croissent dans les pays plus chauds, tels que la Syrie et la Cilicie.

La résine du storax calamite est brillante, d'un goût un peu âcre, mais assez agréable, d'une odeur de baume du Pérou, très-pénétrante et suave.

Lorsqu'elle est nouvellement cassée ou qu'on en jette sur les charbons, elle se fond promptement sur le feu, s'enflamme dès qu'on l'approche d'une bougie allumée, et forme une lueur très-claire. L'épithète de *calamite* lui a été donnée parce qu'on l'apportait autrefois, à Marseille, de la Pamphilie, enveloppée dans des roseaux.

Le storax en larmes est plus pénétrant que le benjoin. On le recommande à cause de sa douce

CHAPITRE III.

Huile de Baume de Judee.

C'est une résine liquide, d'un blanc jaunâtre, d'un goût aromatique et d'une odeur approchante de celle du citron.

Comme cette liqueur est précieuse, on la falsifie souvent avec le *baume du Canada* et l'huile essentielle du citron, ou avec de la térébenthine fine; tromperie qui peut se reconnaître à l'odorat et au goût.

L'épreuve pour distinguer le *baume blanc* nouveau, qui est toujours le meilleur, c'est de verser de ce baume dans de l'eau; s'il est nouveau et non falsifié, il surnagera, quoique versé de haut, et formera une pellicule sur la surface de l'eau, laquelle se coagulera; alors on le retirera de l'eau en entier et très-blanc. Le baume qui est vieux tombe sur-le-champ au fond de l'eau.

Ce baume, si précieux par son usage tant interne qu'externe, est une résine qui découle par incision pendant la canicule.

L'arbrisseau qui le produit s'élève à la hauteur du troëne; il porte des fleurs purpu-

donnent des fruits en forme de poires, dans lesquels sont des semences triangulaires.

Sa tige est garnie de feuilles *longuettes*, qui, par leur bas, embrassent la tige, de façon que les deux côtés représentent deux appendices ou oreilles. Cette plante est plus abondante sur les montagnes.

L'on en retire une huile essentielle qui adoucit la peau, conserve sa blancheur et son lustre. Elle ne porte aucune odeur avec elle. Alors le parfumeur pourra y ajouter une petite quantité d'huile odorante, seulement pour flatter les goûts.

Cette huile, ainsi que toutes celles indiquées pour le même usage, ne s'emploie que le soir. Au réveil, l'on s'essuie avec un linge. Elle ne laisse aucune trace, ni aucune odeur que celle qu'on lui aura communiquée avec l'essence.

Cette huile est aussi très-utile pour les lampes de nuit.

CHAPITRE V.

De la Muscade ou Noix muscade.

C'est le fruit d'un arbre de l'Inde orientale.

l'eau pendant huit ou dix jours ; jusqu'à ce qu'il ait perdu sa saveur acerbe et âpre ; alors on le cuit légèrement dans un faible sirop de sucre.

L'on répète pendant huit jours cette opération. Ce fruit étant ainsi préparé, on le fait sécher, non à l'air, mais dans un endroit sec et chaud ; puis, on le met dans des pots de terre bien fermés.

On peut aussi l'extraire soit par expression, soit par distillation, de la muscade femelle. Elle a des propriétés très-salutaires qui surpassent encore son odeur.

CHAPITRE VI.

Huile d'Acorus véritable.

Cette plante, que l'on trouve facilement en Flandre, est préférable à celle que l'on importe en France *venant de l'Inde.* Sa racine est rampante, grosse comme le doigt, blanchâtre intérieurement, roussâtre en dessus, d'un goût très-aromatique et d'une odeur fort agréable.

Les feuilles qui s'élèvent de cette plante ressemblent à celles de l'iris.

essences, des pastilles odoriférantes ; on convertit aussi toutes sortes de vins en hypocras avec cette plante.

On retire d'une livre de cannelle, lorsqu'elle est récente, plus de trois gros d'huile essentielle, mais très-peu lorsqu'elle est vieille. Aussi l'huile de cannelle que vend la compagnie hollandaise est-elle distillée à Ceylan ou à Batavia.

Comme cette huile est d'un grand débit, et qu'elle vaut jusqu'à 70 *francs* l'once, on la falsifie quelquefois avec de l'huile de girofle, ou même avec de l'huile de ben qui permet moins de reconnaître la falsification.

L'excellence du parfum de la cannelle fait qu'on l'emploie dans les mélanges d'aromates qu'on nomme *pots-pourris*.

Le moyen de juger si cette huile essentielle de l'écorce du cannellier est falsifiée est très-facile; on la met dans de l'eau claire; elle va aussitôt au fond si elle est pure, et surnage lorsqu'elle ne l'est pas.

Pour la conserver on la met dans des flacons hermétiquement bouchés.

L'on a observé que la plus grande partie s'est quelquefois transformée en un sel qui

France sous le nom *de cire de cannelle*; parce que le roi de Candie en fait faire des bougies qui rendent une odeur très-suave et sont réservées pour son usage et celui de sa cour.

Les Hollandais sont parvenus à faire seuls le commerce de la cannelle, ainsi que celui du girofle et de la muscade.

L'on estime que ce qu'ils en apportent en Europe va à six cent mille livres pesant par an, et qu'ils en débitent à peu près autant dans les Indes.

Comme ils sont les seuls qui en apportent en France, je me suis appliquée à faire connaître les falsifications, afin que les fabricans fassent leurs essais sur ces aromates avant de consommer leurs marchés.

CHAPITRE VIII.

Huiles par Distillation.

Les huiles distillées les plus en usage sont appelées du nom d'essences; telles sont celles de cannelle, de girofle, de cédrat, de citron, de lavande, de genièvre, d'anis. Il

CHAPITRE IX.

Huile de Musc.

Le musc vient de la *gazelle* (1) et est transporté en Europe par les Chinois.

Le musc est placé dans une petite bourse près du nombril de l'animal, et qui en contient la substance.

Le meilleur *musc* est celui que donnent les gazelles mâles.

Le musc le plus pur et le plus estimé par les Chinois est celui que l'animal laisse couler, sous une forme grenelée et onctueuse, sur les pierres ou les troncs d'arbres contre lesquels il se frotte, lorsque cette matière devient irritante ou trop abondante dans la bourse où elle se forme.

---

(1) La gazelle ou *animal du musc* est un joli quadrupède à pied fourchu, d'une taille fine, bien prise, et des plus légers à la course. Il se trouve communément en Afrique et aux Indes orientales. Il y en a de plusieurs espèces qui ont des différences entre elles. Il y a des gazelles d'Afrique qui approchent du chevreuil pour la taille et pour la figure.

un mélange d'autres parfums, ou de poudre de sucre et d'un peu d'ambre.

Les parfumeurs et les distillateurs s'en servaient beaucoup plus autrefois qu'à présent.

CHAPITRE X.

Huiles par Expression.

Les huiles par expression les plus en usage sont celles d'œillette ou de pavot, d'amandes, d'olives, de noix, de navette, de colza, de lin, d'aveline, de noix d'acajou, d'anis.

Les huiles par distillation les plus en usage sont celles de girofle, de nérolis, de cédrat, de bergamotte, de citron, de lavande, de genièvre et d'origan.

Il y a de ces huiles qui sont souvent congelées, telles que celle d'anis; il est facile de les rendre liquides en trempant le vase qui les contient dans de l'eau que l'on échauffe par gradation.

Une propriété que n'ont point nos huiles essentielles d'Europe, et que possèdent exclusivement les huiles d'Asie, d'Afrique et d'Amérique, surtout celles de plantes aromatiques, c'est d'être plus pesantes que l'eau,

crin par étage ; ensuite on met des fleurs par lits sur ces tamis, et, sur ces fleurs, du coton cardé imbibé d'*huile de ben.*

Cette huile se charge de l'esprit des fleurs en quoi consiste l'odeur : on remet ce même coton sur de nouvelles fleurs ; on exprime ensuite l'huile qui imbibe le coton, et elle procure l'*huile essentielle* de ces plantes.

Il existe une autre *noix de ben* triangulaire venant de l'Inde, que l'on importe aussi en France.

Il faut éviter d'acheter cette noix, qui n'a pas les mêmes avantages que celle qui est oblongue, couverte d'une coque blanchâtre, assez grosse, et qui vient d'Egypte.

CHAPITRE XII.

Huile d'Amandes amères.

Les amandes amères doivent être recherchées par les parfumeurs, afin d'en fabriquer de l'huile pour les dames.

Cette huile enlève les taches que le soleil imprime sur la peau.

L'on fait aussi du lait d'amandes, mais on doit le confectionner avec des amandes fraîches.

Les mêmes moyens que l'on vient de lire pour l'extraction de celle-ci, et son amalgame avec les plantes odorantes, peuvent être employés pour l'extraction de celle-là, et son amalgame avec les mêmes plantes.

CHAPITRE XIV.

Huile de Thym.

Le thym est de sa nature une plante si aromatique que l'on peut en tirer de l'essence, de l'extrait et de l'huile essentielle. Ce n'est pas seulement la fleur de la plante, c'est toute la plante qui est aromatique.

L'on distingue plusieurs sortes de thym, celui de Crète ou de Candie (le dioscoride des anciens), dont l'odeur est fort agréable; mais cette espèce est rare en France, parce qu'elle est très-difficile à élever; le thym à larges feuilles, qui croît naturellement surtout dans les pays chauds, et que l'on cultive dans tous les jardins où il fleurit, comme les autres espèces de thym, en mai et même tout l'été; le thym sauvage ordinaire, ou le petit serpolet, et le petit thym des jardins, ou le thym à feuilles étroites. Ce n'est abso-

lorsqu'il est entièrement refroidi. On passe le tout dans un linge fort, et on le presse afin d'en faire sortir l'eau imbibée d'huile.

Si l'on a retiré dix pintes d'huile, l'on y ajoute trois livres de fleurs de thym, que l'on met en infusion pendant le même espace de temps. Ensuite l'on place l'alambic sur le feu au bain-marie, après l'avoir recouvert de son chapiteau. On a soin que la distillation s'opère rapidement ; pour cela il faut la mettre sur un feu assez ardent.

Si les huiles ne suivent plus les flegmes, la distillation est faite ; alors on sépare les huiles des flegmes, et on les met dans des bocaux.

Outre l'usage que l'on peut faire de l'huile de thym en parfumerie, l'on peut aussi s'en servir en friction pour résoudre et soulager la goutte sciatique ; elle est très-utile pour les maux de tête ; on la regarde comme anti-apoplectique, excitant l'appétit, résistant au poison et facilitant les accouchemens, etc.

CHAPITRE XV.

Huile de Serpolet.

Je viens de dire, dans le chapitre précé-

thym : elles ne diffèrent que par la couleur.

L'hysope pousse plusieurs tiges qui s'élèvent à peu près à un pied de hauteur. Ces tiges sont garnies de feuilles longues, étroites, mais plus grandes que celles de la sariette. Ses fleurs sont en gueule et naissent en forme d'épis, mais tournées toutes d'un côté. Elles sont de couleur bleue, ou blanche, ou rose, suivant l'espèce. Il leur succède des semences qui approchent de l'odeur du musc.

L'hysope s'emploie ordinairement pour faire des bordures dans les jardins, où il répand, comme le thym, une odeur aromatique, forte et agréable, principalement avant que d'entrer en fleur.

L'on fait l'huile d'hysope de la même manière que celle de thym et de serpolet.

L'hysope a en médecine des vertus qui le font rechercher. Il entre dans le vin aromatique, et ce vin est propre à dissiper l'enflure des plaies, à dissoudre le sang grumelé et extravasé.

CHAPITRE XVII.

Huile de Romarin.

Comme le thym, le serpolet, l'hysope, la

huile essentielle qui est merveilleuse pour les affections du cerveau.

L'huile de romarin en usage dans la parfumerie se fait comme l'huile de thym et par les mêmes procédés que l'on vient de lire au chapitre XIV. Il est inutile que je me répète à cet égard.

CHAPITRE XVIII.

Huile de Marjolaine.

L'on distingue deux espèces de marjolaine, la *vulgaire* et *celle à petites feuilles*. Les tiges de la vulgaire sont hautes d'un pied, d'où sortent des feuilles opposées, petites, lanugineuses, d'une saveur et d'une odeur pénétrantes et très-agréables. Cette plante vient dans les pays chauds de la France. On la cultive dans tous les jardins.

La marjolaine *à petites feuilles* ne diffère de *la vulgaire* que par ses feuilles, qui sont plus petites et plus odorantes. C'est cette espèce que l'on cultive de préférence dans les jardins, sous le nom de *marjolaine gentille*.

C'est celle aussi que l'on préfère pour en extraire l'huile. On fait cet extrait de la

La poudre de *marum*, mêlée et prise avec du tabac, fortifie le cerveau et rétablit l'odorat.

CHAPITRE XIX.

Huile de Lavande.

La lavande est une sorte d'arbuste qui pousse des tiges dures, ligneuses et quarrées, à la hauteur de deux ou trois pieds.

Toutes les parties de cette plante ont une odeur aromatique et agréable.

L'on distingue plusieurs espèces de lavande, dont les unes (comme *la lavande d'Espagne*) ont les feuilles blanches ; d'autres les feuilles larges, telles que celles nommées la *lavande mâle*, *l'aspic* ou le *nard commun*, la *lavande à feuilles d'olivier*.

Les fleurs de lavande rendent beaucoup d'huile essentielle, d'une excellente odeur.

Pour que l'esprit de la lavande soit très-agréable, il faut mêler de l'huile essentielle de cette plante, très-rectifiée, et nouvellement distillée, avec de bon esprit de vin, et y ajouter une petite quantité de styrax ou de benjoin.

L'eau de lavande, ou l'eau de mélisse pri-

que l'huile les aura quittés, la distillation sera faite.

Quand elle surnagera sur l'eau, vous les séparerez et remettrez l'eau dans la cucurbite avec de nouvelles fleurs et de nouvelles feuilles écrasées avec le pilon comme les précédentes, en ayant soin de mettre la même quantité de fleurs, de feuilles et d'eau.

Toute l'opération étant terminée, vous renfermerez votre huile dans des bocaux, et les boucherez hermétiquement.

Quant aux flegmes qui vous resteront, vous les conserverez comme eaux odorantes simples, propres à la toilette. Vous pourrez les employer aussi soit à mettre votre eau-de-vie de lavande au degré requis, soit à purger le savon, etc.

CHAPITRE XX.

Huile de Tubéreuse.

De toutes les fleurs la tubéreuse (ou jacinthe des Indes) est peut-être la plus odorante, et c'est peut-être aussi celle qui rend le plus d'huile.

Elle a été apportée des Indes en Italie, et

canevas; puis; la mettez sous presse; et reitérez cinq à six fois la même opération; vous la clarifiez, et vous obtenez une huile bien parfumée, que vous pourrez conserver aussi long-temps que vous le désirerez.

CHAPITRE XXI.

Huile de Jonquille.

La jonquille, par la force de son odeur, peut entrer dans toutes sortes de compositions pour la parfumerie. L'on en fait de l'eau odorante; on l'introduit dans les pommades; on la met dans les pots-pourris, dans les sachets; l'on en fait aussi de l'huile.

La jonquille vient sur tige; elle fleurit en mars. L'on peut la regarder comme une des premières fleurs du printemps.

L'on en distingue de diverses sortes : la *jonquille à grandes fleurs* poussant des feuilles longues et étroites, ressemblant à celles du jonc (1), d'entre lesquelles il s'é-

(1) C'est à cause de la ressemblance des feuilles de la jonquille avec celles du jonc qu'elle est appelée du nom de *jonquille*.

les pays méridionaux, dans l'Italie et la Turquie; mais je pense que l'on peut tout aussi bien faire infuser la fleur dans l'huile, et que ce procédé plus simple peut même être meilleur, en ce que, indubitablement, les toiles s'imprègnent de l'odeur de la fleur, l'absorbent, et diminuent la force qu'en retirerait l'huile employée toute seule.

Vous renouvelez vos fleurs chaque jour, jusqu'à ce que votre huile soit suffisamment odorante; vous la transvasez, sans laisser passer aucune fleur, vous la laissez reposer et la clarifiez ensuite.

CHAPITRE XXII.

Huile de Jasmin.

Le jasmin, nommé ainsi du mot hébreu *samin*, qui signifie *parfum*, est un arbrisseau sarmenteux.

L'on distingue les jasmins *jaunes*, qui sont absolument inodores, et les jasmins *blancs*. La forme des premiers est tout-à-fait différente de celle des seconds. Ceux-là s'élèvent en forme de gerbes, et les blancs sont serpentans.

agiter le mélange : l'odeur de jasmin abandonne entièrement l'huile grasse et passe dans l'esprit de vin ; mais aussi celui-ci laisse échapper cette odeur avec la plus grande facilité.

Pour composer l'huile de jasmin, il faut absolument employer le même procédé que l'on vient de lire dans le chapitre précédent sur l'huile de jonquille.

On doit n'employer que les fleurs qui ont été cueillies. Si l'on ne faisait que ramasser celles qui seraient tombées du rameau, comme elles auraient perdu de leur force, l'on n'obtiendrait pas autant de qualité que des fleurs cueillies ; il en faudrait même bien davantage, et l'on ne serait pas aussi certain du succès.

CHAPITRE XXIII.

Huile de Citronnelle arbuste.

L'on cultive assez généralement la citronnelle dans les jardins ; elle pousse des tiges à la hauteur de deux pieds, presque lisses, rameuses, dures, et, malgré cela, fragiles. Ses feuilles sont oblongues, d'un vert brun,

vas ; on la met sous presse. On renouvelle les fleurs plusieurs jours de suite, en les remuant de même que la première fois, en passant de même l'huile dans un canevas, et en la remettant sous presse ; ensuite on la clarifie et on la met dans des bocaux, que l'on ferme hermétiquement.

CHAPITRE XXV.

Huile d'Œillet.

Les œillets ne sont pas aussi multipliés et aussi diversifiés que les roses, et il s'en faut bien ; néanmoins ils sont en très-grand nombre. Mais peu importe, puisqu'il n'y a guère que deux espèces qui soient employées en parfumerie, étant les plus odorantes ; savoir : l'*œillet rouge*, appelé *œillet à ratafia ;* et l'œillet rouge mélangé de blanc, nommé *l'œillet gris*.

Il faut éplucher les fleurs de ces œillets, c'est-à-dire n'en prendre que les feuilles et laisser les capsules.

Vous les faites infuser dans la meilleure huile possible, ainsi que la *rose*, la *jonquille* et autres fleurs susceptibles de la manipula-

que ce soit à défaut absolu d'huile d'œillet que l'on recoure à ce moyen.

CHAPITRE XXVI.

Huile de Fleur d'Oranger.

La fleur d'oranger doit aussi s'éplucher pour entrer dans la composition de l'huile; mais on y mettrait le cœur ou les pistils, que l'odeur n'en serait que plus forte.

L'on étend les fleurs par couches sur des toiles de coton, imbibées de la meilleure huile possible; on la remue plusieurs fois en exprimant l'huile, en changeant les fleurs jusqu'à ce que l'huile soit bien imprégnée de l'odeur; ou mieux, on la fait aussi par l'infusion des fleurs dans l'huile, et on lui fait subir le même renouvellement de fleurs, la même clarification qu'à la rose. Voyez au chapitre XXIV ci-dessus.

poignées de sel fin. Quand le savon est fondu, on le passe dans un tamis, pour en extraire les odeurs.

Le lendemain, s'il est tout-à-fait coulé, on le retire de la caisse, on le coupe par morceaux très-minces et on le fait sécher à l'air, mais à l'abri des rayons du soleil.

Lorsqu'il est bien sec, on le fait fondre de nouveau en y ajoutant de l'eau de rose et de fleur d'oranger. Si l'on a eu soin de le tenir proprement, il est inutile de le passer, on le coule de nouveau et on le fait sécher. Cette seconde opération terminée, le savon se trouve purgé et exempt de mauvaise odeur. On le pile alors, et on le met en poudre. On l'expose de nouveau à l'air pendant trois ou quatre jours, en ayant soin de le garantir de la poussière.

Avec ces préparations, le savon est en état de recevoir les différentes odeurs que l'on juge convenable de lui donner pour les divers usages auxquels on le destine, soit qu'on veuille l'employer en savonnettes, soit qu'on veuille le laisser en pain. Il faut avoir soin surtout de le serrer dans un endroit sec et à l'abri de toute humidité e d'odeur malfaisante.—L'on peut purger le sa-

et la grosseur que l'on veut donner à ses pains. Ensuite on le fait sécher, et, lorsqu'il est à moitié sec, on le partage par pains bruts, suivant les dimensions que l'on juge convenables.

Les pains de savon peuvent servir à faire des savonnettes blanches. Pour parfumer les savons, et leur donner diverses teintes, on emploie, pour celui à qui l'on donne une teinte d'un brun jaunâtre, de bois clair, ou de feuille morte, de la poudre d'orangerons que l'on délaye avec un peu d'eau afin qu'il ne reste point de grumeaux. On le passe et on le met une seconde fois sur le feu.

Lorsque l'on désire le savon plus coloré, l'on augmente la quantité de poudre d'orangerons. A défaut de poudre d'orangerons, on met de celle de bergamotte, ou de citron.

Le savon blanc ou de couleur se parfume. Si on le veut à la bergamotte, on met deux onces d'essence de bergamotte par livres de savon lorsqu'il est entièrement battu.

Si l'on désire employer d'autres odeurs plus ou moins fortes, il faut avoir la prudence

Les savonnettes ne doivent être employées que pour la barbe, et jamais pour le reste du visage.

Les savonnettes se parfument avec toutes sortes d'odeurs. C'est au parfumeur à choisir celles qu'il croira devoir être d'un plus grand débit.

Je lui conseille d'en faire peu au musc ou à l'ambre; elles ne sont plus autant de mode que dans le siècle dernier.

Il est aussi inutile de les colorer : les teintes roses, brunes ou d'orange, nuisent plus au teint qu'elles ne lui sont utiles; et les hommes, ainsi que les femmes, sont bien aises d'avoir le teint frais.

CHAPITRE IV.

Savonnettes aux fines Herbes odorantes.

Pour confectionner ces savonnettes, il faut éplucher toutes les herbes et fleurs aromatiques que l'on veut employer.

Les plus en usage sont les feuilles de thym, de lavande, de marjolaine, de romarin, de sauge, et les fleurs de violettes, de jonquilles, d'œillets, et même de roses musquées.

plus fort ; et c'est sur cette maxime qu'il doit se régler dans son commerce.

Il est inutile que je donne la manière de faire des savonnettes à l'œillet, au musc, à la bergamotte, à l'ambre, etc. Elles se fabriquent de la même manière que les autres, et le parfumeur peut choisir les parfums ou essences qu'il croira propres à satisfaire les goûts différens. Mon dessein n'a point été de faire un gros livre, mais seulement de donner les instructions que je crois nécessaires aux commerçans de son état.

Nota. Lorsque j'ai indiqué les différens procédés pour la fabrication des eaux odorantes, j'ai oublié de donner la recette de deux qui sont très-recherchées. Je vais réparer ici mon omission. Elles vont être le sujet des deux premiers chapitres du titre suivant.

il aura seulement à y ajouter du sucre proportionnément à la quantité qu'il en fera.

Cette eau a été nommée *divine* à cause de son odeur suave. On peut lui donner le même nom pour celle que l'on fait en liqueur, elle est très-cordiale et aide à la digestion.

CHAPITRE II.

Eau-de-vie de Lavande rouge.

L'on prend trois pintes de bonne eau-de-vie que l'on met dans un pot de grès ; l'on épluche avec précaution, et ainsi que je l'ai recommandé, les fleurs et feuilles de lavande bien verte. Pour trois pintes d'eau-de-vie il faut cinq ou six poignées de lavande. On met l'eau-de-vie, les fleurs et les feuilles en même temps dans le pot de grès, et on le bouche hermétiquement.

Cette eau est un remède contre les contusions, qu'elle guérit en appliquant une compresse de fleurs bien humectées dessus la partie froissée. Lorsque les coups sont violens, l'on fait de l'eau de boule en broyant la boule de Nancy avec cette eau-de-vie de lavande.

L'on pulvérise l'aloès et l'on écrase les autres substances.

On fait infuser le tout pendant quinze jours dans deux litres de forte eau-de-vie (à vingt-deux degrés) ; on retire la liqueur qui surnage le dépôt, et on la remplace par deux litres de nouvelle eau-de-vie. On y ajoute deux onces de sucre candi pulvérisé, et un gros de cinnamome ; on laisse infuser cette nouvelle dose d'eau-de-vie encore pendant quinze jours. Ensuite on la mêle avec la première ; on les laisse déposer et on les passe à travers une chausse de laine ou à travers du papier gris, que je préfère à la laine.

L'on conserve cet élixir dans des bouteilles bien bouchées. Il fortifie l'estomac et purge légèrement (1).

CHAPITRE IV.

Elixir de Garus.

L'on prend deux gros de myrte, deux

(1) La tradition est que l'auteur de cet élixir a vécu cent douze ans, en en faisant usage journellement, en en prenant seulement chaque matin une cuillerée.

CHAPITRE V.

Elixir odontalgique de Leroy-de-la-Faudignières.

M. Leroy-de-la-Faudignières, chirurgien-odontalgiste, à Paris, a composé cet élixir, et l'on peut le faire en assurance d'après les procédés qu'il a indiqués, et que voici :

L'on prend un demi-gros de girofle, quatre gros de gaiac, un gros de pyrèthre, dix gouttes d'essence de romarin, quatre gouttes de bergamotte ; noix muscade, un gros, eau-de-vie à vingt-six degrés, trois onces.

Après avoir concassé les substances qui doivent l'être, on les met dans de l'eau-de-vie. Au bout de huit jours d'infusion, l'on filtre l'élixir.

Il est un des meilleurs que l'on puisse employer : l'on en verse quelques gouttes dans le verre d'eau avec lequel on se rince la bouche le matin, mais seulement tous les deux ou trois jours.

CHAPITRE VI.

Elixir odontalgique de Greenough.

Tous les parfumeurs vendent une eau appelée *de Greenough*, qui est une teinture ou

que l'on concasse et que l'on met infuser dans un demi-litre d'esprit de vin ;

Et pour la troisième, l'on prend six gros de gomme-myrte, six gros de cochenille, trois gros d'alun et trois gros de crème de tartre. On concasse ces substances, et on les infuse dans un demi-litre d'esprit de vin. On laisse ces trois infusions séparément pendant trois ou quatre jours, en les remuant de temps à autre. Après ce temps, on les réunit toutes, on les mêle après les avoir agitées de nouveau. On les passe dans un linge et on les filtre au papier gris, ou mieux encore à la chausse.

Cet élixir a la réputation de rendre les dents claires, et d'en apaiser les douleurs.

CHAPITRE VII.

Eau de Camomille.

Il y a plusieurs espèces de camomilles, une entre autres nommée camomille *maroute*, qu'il faut bien se garder de confondre avec la camomille romaine, qui se cultive dans tous les jardins, dont les fleurs sont blanches et doubles.

CHAPITRE IX.

Eau de Sarrette ou de Serrette.

La tige de cette plante croît à la hauteur de deux ou trois pieds ; elle est cannelée et rougeâtre ; les feuilles sont découpées comme celles de la scabieuse, et les autres sont oblongues, plus grandes que celles de la bédoine.

J'en donne la description, parce que le parfumeur pourra la faire cueillir dans les bois, dans les prés et dans les lieux humides.

L'on fait sécher ses feuilles, et l'on en obtient une eau de vulnéraire très-suave ; l'on peut aussi en obtenir une teinture jaune safran, qui peut colorer la pommade à la jonquille.

CHAPITRE X.

Eau de la Chine pour teindre les Cheveux.

Comme il faut autant qu'il est possible satisfaire tous les goûts, je vais indiquer la manière de fabriquer l'*eau de la Chine*, sans en garantir l'efficacité.

Il sera nécessaire même que les personnes

CHAPITRE XI.

Eau d'Acanthe.

Cette plante est cultivée dans nos jardins, et l'on en trouve chez tous les herboristes. L'eau qu'on en retire est remplie d'un suc mucilagineux et gluant, propre à guérir des coups de soleil, qui occasionent trop souvent des douleurs très-vives suivies d'inflammation.

Elle se confectionne ainsi :

Vous prenez la quantité de trois pintes d'eau de rivière, ou d'eau de source, ou de puits, bien filtrée; vous mettez vos feuilles d'acanthe dedans et les faites infuser au bain-marie. Cette plante étant remplie d'un suc mucilagineux et gluant, on est forcé de la filtrer deux ou trois fois avant d'y ajouter les essences odorantes que l'on mêle avec.

Depuis long-temps on l'emploie avec succès en Pologne pour les maladies de sang.

Lorsque l'eau est confectionnée, il faut conserver les feuilles, les faire sécher à l'ombre. On s'en sert après les avoir imbibées dans du vulnéraire, et on en fait des cata-

un fard dont elles se frottent le visage pour rafraîchir et blanchir la peau.

En ajoutant à cette eau quelques gouttes d'essence (de l'odeur qui conviendra), l'on aura une eau fort agréable et très-utile pour conserver la peau dans toute sa fraîcheur.

CHAPITRE XIV.

Eau d'Absinthe.

On compose avec cette plante une eau aromatique qui retient plus d'odeur que toutes les autres plantes odorantes.

La meilleure manière de la composer est de la faire infuser à froid.

Douze gros d'absinthe suffisent pour une pinte d'eau.

On en fait aussi par la distillation une eau aromatique, une huile essentielle. Ces deux espèces s'emploient en liquide et en pommade : en liquide, elle est bonne contre la migraine ; en pommade, elle garantit les enfans d'être attaqués de vermine.

En prendre une cuillerée dans un verre d'eau sucrée apaise les spasmes de l'estomac.

montagnes d'Auvergne, sont préférées avec juste raison à celles de la Bohème, qui sont beaucoup moins suaves.

La meilleure de ces racines est celle qui a une odeur approchant du musc.

L'angélique est considérée comme sudorifique et vulnéraire ; c'est un préservatif contre la peste. On en fait macérer les racines dans du vinaigre : on les approche des narines ou on les mâche, ou bien l'on boit à jeun le vinaigre dans lequel elles ont été macérées.

On saupoudre de la racine pulvérisée les habits, pour les préserver de la contagion.

L'eau d'angélique, outre qu'elle est considérée comme vulnéraire et sudorifique, l'est aussi comme anti-pestilentielle.

CHAPITRE XVII.

Eau Athénienne.

Le nom d'*athénienne*, donné à la composition de cette eau, lui est venu du pays où elle a été imaginée. Les femmes grecques ont dû être en tous temps jalouses de leur beauté, et l'on a dû chercher les moyens de la leur conserver. Aussi le propre de l'eau athé-

TITRE XII.

Des Extraits.

CHAPITRE Ier.

De la Distillation et de la Rectification de l'Esprit de vin.

En général, l'extrait est l'opération par laquelle on sépare les parties pures des mixtes d'avec les impures, par le mélange de quelques liqueurs convenables dans lesquelles la partie pure s'incorpore.

Les extraits se font par la distillation.

Les distillations se font à feu nu ou au bain-marie. Celles au bain-marie sont préférables, en ce qu'elles font moins courir aux subtances le danger de se brûler.

Il est une troisième manière de les faire,

lambic, et l'on remet dans la cucurbite (1) la partie distillée, que l'on remet de nouveau sur le feu pour la mieux distiller ou la rectifier. On en évaporise encore les deux tiers. Pour l'essayer, on en fait brûler une petite quantité dans une cuiller.

La rectification à feu nu étant dangereuse pour la substance, que l'on risque de brûler, et pour la personne qui la fait, et qui doit apporter la plus grande surveillance à rafraîchir l'alambic, je préférerais, et je conseille de la faire au bain-marie, ou au bain à vapeur.

CHAPITRE II.

Des Extraits eux-mêmes.

On extrait l'odeur (qui est l'esprit volatil des fleurs) par le moyen des corps gras, tels que les huiles ou les pommades, et l'on tire l'odeur de ces corps par le moyen des esprits.

(1) La cucurbite est un vaisseau à long cou de verre, de terre, d'étain ou de cuivre, dont on se sert en chimie pour les distillations, infusions et macérations.

ayant soin d'agiter l'infusion deux ou trois fois par jour. On la distille ensuite à feu nu, ou au bain-marie, ou au bain de vapeur.

Pour les autres extraits, voyez le titre suivant, *des essences et des esprits*.

CHAPITRE II.

Essence d'Ambre gris.

Les naturalistes ne sont point d'accord sur la nature et l'origine de l'ambre gris.

Plusieurs pensent que c'est une sorte de bitume qui coule du sein de la terre dans la mer; liquide d'abord, il s'épaissit; autour de lui s'aglutinent des coquilles, des pierres, des becs d'oiseaux : c'est pourquoi au milieu des motes d'ambres gris durcies l'on trouve toutes les espèces de corps hétérogènes.

L'ambre gris se rencontre sur les bords de la mer en morceaux plus ou moins gros. Il s'en trouve quelquefois du poids de cent livres et plus; telle était la masse d'ambre gris que la compagnie des Indes orientales de Hollande possédait.

Les masses d'ambres gris sont ordinairement arrondies, forme qu'elles prennent en roulant sur le rivage.

Quoique cette matière se trouve en plusieurs endroits, c'est cependant un aromate rare et précieux. On le rend plus actif à l'odorat en le mêlant avec une petite quantité de musc, de civette, etc.

ration. Réduit en poudre, il a une odeur très-agréable.

Le succin ne se recueille que dans la mer Baltique, sur les côtes de la Prusse. Les habitans vont le recueillir sur les bords de la mer, au fort de la tempête. On le trouve en morceaux de différentes épaisseurs et de diverses formes.

Tout le succin ou ambre jaune du commerce, même le plus beau, nous vient de la Prusse ducale, où le droit de le retirer de sa mine est regardé comme droit de la couronne.

Le succin que l'on ramasse sur les bords de la mer est clair. La chimie reconnaît dans cette substance une huile végétale, épaissie par les acides minéraux qui lui ont donné les qualités qui la font différer des résines.

Plusieurs montagnes de Provence, plusieurs contrées de l'Allemagne, fournissent aussi de l'ambre jaune.

Il est certain que le succin et l'ambre gris donnent une huile essentielle qui est très-considérée, et que les parfumeurs auront raison de l'employer à cause de son odeur agréable.

Les Chinois s'étonnent avec raison que les Européens viennent chercher le thé dans leur pays, pendant qu'ils ont chez eux une plante aussi excellente et qui lui est préférable.

L'essence de sauge et l'eau filtrée de cette plante sont très-bonnes pour faciliter les digestions, guérir le mal de tête, sécher à l'instant les coupures, égratignures, etc.; elle est cordiale, céphalique, et doit être considérée sous ses rapports odorans et conservateurs.

L'on prépare avec les fleurs de sauge une eau distillée; avec la plante entière une huile par infusion et par décoction. L'on fait du vinaigre avec les feuilles et les fleurs, et son huile est très-bonne pour les rhumatismes.

L'eau des feuilles et des fleurs de sauge est très-utile pour fortifier les nerfs, amortir les humeurs et dissiper les enflures.

La sauge est surnommée la réparatrice du corps humain, sa bienfaitrice, sa *sauveuse*, (*salvatrix*). On la prend comme le thé, après une courte ébullition, ou même après une infusion.

On peut, absolument parlant, regarder la sauge comme la meilleure de toutes les

que plus lente pour fabriquer, est meilleure, plus sûre, et a, en outre, l'avantage d'empêcher les substances de brûler.

Si, au lieu d'huile, c'était de l'esprit qu'on voulût tirer du girofle, l'on mettrait infuser, pendant plus de deux mois, les clous de girofle dans de l'esprit de vin (quatre onces de clous bien concassés dans une pinte d'esprit de vin), ayant surtout l'attention de remuer l'infusion de temps à autre.

Si c'est dans une bouteille que l'on fait l'infusion, il ne faut pas la remplir, afin de pouvoir l'agiter : sans cette précaution la bouteille se casserait, et les matières seraient perdues.

Après l'infusion, l'on fait la distillation au bain-marie.

L'esprit peut s'employer dans différentes compositions, même dans celles d'eaux fines, ainsi que dans l'opiat pour les dents, en l'adoucissant avec de l'eau très-pure, si c'est dans l'opiat qu'on l'emploie.

CHAPITRE VIII.

Esprit de diverses Fleurs et d'autres Substances.

Pour tirer l'esprit, ou faire l'extrait ou

storax, ou deux onces de baume de Tolu, ou deux onces de baume du Pérou, ou quatre onces de vanille, ou quatre onces de badiane concassée, ou huit onces de bois de sassafras pulvérisé. Vous avez le soin de remuer ces substances tous les deux jours; en un mot, vous agissez comme à l'égard de l'esprit à l'huile des fleurs.

Ces différens esprits sont bons pour entrer dans les diverses compositions.

---

soufflement qui gonfle la préparation, et la ferait sortir du pot, si l'on n'avait pas la précaution de la mettre dans un plus grand qu'il ne le faut pour la contenir d'abord.

Quand le boursoufflement a cessé, l'on peut se servir à l'instant de cet opiat.

En suivant cette recette, l'on a un opiat très-beau et dont l'emploi n'offre aucun inconvénient pour les dents ; il les tient très-propres et raffermit les gencives.

Pour s'en servir, l'on en prend une petite quantité avec une éponge ; on s'en frotte les dents, puis l'on se rince la bouche avec de l'eau fraîche.

CHAPITRE II.

Cérat pour les Lèvres.

Voyez, au titre III, le chapitre XI, *Pommade ou Cérat pour les Lèvres.*

CHAPITRE III.

Substance pour les Cataractes (1) *des Yeux.*

S'il est quelque incommodité qui dépare la figure et pour la guérison de laquelle on

(1) La cataracte est une altération de l'humeur

x

charbon de braise brûlée, et un gros de nitre ou salpêtre.

L'on réduit toutes ces substances en poudre; on les mêle dans un mortier, et l'on y ajoute de la dissolution épaisse de gomme arabique ou adragant, suffisamment pour former une pâte que l'on divise par petites portions de figure conique. Pour y parvenir parfaitement, vous prenez une certaine quantité de la pâte que vous réduisez en un rouleau de la grosseur d'un tuyau de plume, puis vous formez une petite pointe à l'un des deux bouts, en le roulant sur une table, et en appuyant avec le bout du doigt.

Vous coupez ensuite cette portion de la longueur d'un pouce environ, et continuez ainsi jusqu'à ce que toute la pâte soit divisée en petits cônes; vous les faites sécher et vous les conservez dans une bouteille que vous bouchez hermétiquement.

Lorsque l'on veut se servir de ces pastilles, l'on met le feu à l'une d'elles, on la pose sur une table de pierre ou toute autre chose qui ne puisse pas en être gâtée. Elle brûle en scintillant, et elle exhale une fumée très-odorante et des plus agréables. Elle est très-

Les Anglais, qui font beaucoup plus de commerce que nous dans les îles, et qui conséquemment se procurent toutes les plantes dont on extrait les essences, les aromates, etc., ne négligent point de faire de *l'essence d'estragon*. Ils en mettent aussi infuser dans du vinaigre dont ils se frottent les tempes et les sourcils.

La distillation de l'estragon est la plus estimée de toutes celles que l'on emploie pour empêcher la contagion des mauvais airs en Angleterre. Son eau distillée est aussi celle qu'on préfère pour empêcher la contagion de la peste.

Jamais un Anglais ne s'embarque pour un voyage de long cours qu'il ne soit muni *d'eau* ou *d'essence d'estragon*.

CHAPITRE VI.

Eau d'Eufraise propre à fortifier la Vue.

L'eufraise est commune, et l'on peut s'en procurer facilement. Elle croît sur les montagnes, dans les forêts et dans les prés.

Lorsqu'elle est en fleurs, l'on en fait une infusion pour bassiner les yeux.

Elle est si favorable, que l'on cite des

mades, etc., afin de n'être pas trompé par les marchands qui les importent chez nous.

Cette plante est une petite racine oblongue, tubéreuse, noueuse, de la grosseur du petit doigt, garnie de quelques fibres pâles en dehors et de couleur de safran en dedans, donnant une couleur jaune (qui devient pourpre par la suite) aux eaux ou vinaigres dans lesquels on l'infuse.

Elle possède aussi une odeur de gingembre très-forte.

Il est une autre espèce de curcuma que l'on appelle *terra merita* rond; c'est le *raiz de safrao* des Portugais; il est assez rare dans les boutiques.

Sa racine, qui a les mêmes propriétés que la précédente, est ronde, grosse comme une prune moyenne, aussi dure que si elle était pétrifiée.

Lorsqu'elle est coupée transversalement, l'on y remarque différens cercles d'un jaune rougeâtre.

Les gantiers et les parfumeurs s'en servent avec avantage pour consolider les couleurs des gants, des pommades et des essences.

Ces amandes étant bien exprimées et réduites en pain, on les arrondit un peu sur les bords, et on les range en pile dans un endroit à l'abri de toute humidité.

Lorsqu'elles seront bien sèches, pilez-les de nouveau et les tamisez.

Cette manière de préparer la pâte d'amandes douces est la plus prompte et la plus facile.

Si l'on veut la rendre odorante, l'on y ajoute une partie d'essence en poudre, soit à la fleur d'oranger, œillet, etc.

CHAPITRE IX.

Pâte d'Amandes amères.

La pâte d'amandes amères est plus recherchée à cause de son odeur. Mais, à l'odeur près, la douce est aussi bonne pour l'usage.

Pour confectionner la pâte amère, vous prenez dix livres de pâte douce en poudre, à laquelle vous ajoutez quatre livres de poudre d'amandes amères. L'on met deux ou trois onces d'essence de l'odeur que l'on suppose la plus recherchée.

On remet la poudre dans un mortier pour

Lorsque la composition se détache bien du mortier et du pilon, elle a acquis sa parfaite confection.

L'on parfume cette pâte avec des huiles aux fleurs que l'on juge convenables, en substituant ces huiles à l'huile d'amandes amères.

CHAPITRE XI.

Pâte d'Amandes en Poudre.

Elle se compose des résidus des deux pâtes précédentes. L'on a soin de mettre de côté tous les morceaux grumeleux qui n'ont pu être pilés ; on les fait sécher au grand soleil ou sur un feu doux, dans un plat de métal ; ensuite on les pile avec force, on les tamise le plus fin possible, et l'on y ajoute des essences en poudre, des odeurs les plus en vogue et les plus recherchées.

Il faut avoir soin de les conserver dans des boîtes de bois dont les fentes soient fermées avec du papier collé, et les mettre dans un endroit à l'abri de toute humidité.

est du domaine du parfumeur, parce qu'il sert à laver le visage le soir, afin de rendre la peau très-fraîche à l'instant du réveil.

On le compose de cette manière :

Vous pilez dans un mortier des amandes douces pelées, dans la proportion de vingt ou trente pour une chopine d'eau ; vous ajoutez un morceau de sucre pour empêcher la séparation de l'huile.

Lorsque les amandes sont réduites en une pâte bien fine, vous les mettez, en les délayant peu à peu, dans la chopine d'eau, vous passez le tout à travers une flanelle, et vous aromatisez avec de l'eau de fleur d'oranger. Les personnes qui veulent en faire une boisson n'ont qu'un morceau de sucre à y ajouter.

CHAPITRE XIV.

Eau spiritueuse de Genièvre.

L'on prend une demi-livre de genièvre frais ; si l'on n'a que du genièvre ancien, au lieu d'une demi-livre, l'on n'en prend que six onces.

On les met dans un vase et l'on verse des-

temps où on le tirait de l'Inde, *terre du Japon ;* les marchands, trompés par la friabilité de cette substance, ont cru que c'était de la terre.

Le cachou au contraire est un suc de gomme, résineux, durci par l'art.

Jusqu'à ce qu'il ait acquis sa maturité, il est amer. Il devient ensuite doux et d'une saveur agréable d'iris ou de violette.

Lorsque le négociant fait ses emplètes de cachou, il faut, pour qu'il soit convaincu qu'il n'est point frelaté, qu'il le mette tremper dans l'eau ; s'il se fond en entier, il est pur : il peut aussi en jeter une parcelle dans le feu ; s'il s'enflamme à l'instant et brûle, il peut en faire l'emplète.

Ces précautions sont indispensables, parce que les marchands qui le vendent y mêlent quelquefois du sable ou d'autres matières étrangères pour en augmenter le poids.

L'on apporte le cachou en France des côtes du Malabar, de Surate, du Pégu, et des autres côtes des Indes.

Ce fruit a la grossseur et la forme d'un œuf de poule. Son écorce tire sur le jaunâtre.

Dans l'Inde, l'usage du cachou est très-

CHAPITRE XVI.

Extrait de Genievre.

Vous prenez six livres de genièvre bien propre et bien épluché, une grosse racine d'*enula campana*.

Vous lavez bien le tout, le mettez dans une bassine avec un peu d'eau, et le faites bouillir jusqu'à ce qu'il soit réduit en bouillie; puis, vous le passez dans un gros linge en l'exprimant fortement. Vous remettez ensuite ce jus sur le feu, et le laissez bouillir jusqu'à ce qu'il ait pris une consistance un peu ferme.

CHAPITRE XVII.

Blanc de Baleine.

C'est de Bayonne et de S.-Jean-de-Luz que nous avons appris à préparer le blanc de baleine; et c'est avec la cervelle du *cachalot* ou petite baleine qu'on le compose de la manière que je vais prescrire.

On fait foudre cette cervelle sur un petit feu, on la met ensuite dans des moules.

en usage, soit pour les coupures, soit pour les écorchures.

Voici la manière de le fabriquer.

On étend sur un châssis un morceau de taffetas noir clair ; l'on passe dessus avec une brosse fine plusieurs couches de colle de poisson, que préalablement on a fait fondre dans de l'eau.

Lorsque vous passez la dernière couche, afin que ce taffetas ait une odeur agréable, vous mêlez avec la colle un peu de baume de commandeur.

On peut, pour varier les couleurs, employer du taffetas rose ou blanc.

CHAPITRE XIX.

Eau contre les Inflammations des Yeux, utile surtout aux Voyageurs.

Lorsque par un temps sec le vent souffle avec violence, la poussiere qui s'élève produit dans les yeux une vive irritation.

Les voyageurs sont très-exposés à cette incommodité.

Il ne suffit pas toujours de se laver avec de l'eau fraîche, et les paupières deviennent quel-

bon esprit de vin, qui est la base des eaux fines odorantes.

* Voici la meilleure manière pour rectifier les esprits :

Quand on a tiré les deux tiers, ou à peu près, de l'esprit, suivant sa force, l'on ôte de l'alambic ce qui en reste, et l'on remet dans la cucurbite la partie distillée à laquelle on fait subir la même opération. On en *vaporise* encore les deux tiers ; puis on l'essaie en en faisant brûler une petite quantité dans une cuiller d'argent.

Le feu éteint, l'on est à même de juger aussitôt, par l'humidité qui reste, à quel point l'esprit de vin est rectifié : s'il l'est bien, il n'en doit pas rester une seule goutte.

L'on peut aussi se servir du pèse-liqueur ; mais il faut que l'esprit soit refroidi.

CHAPITRE XXI.

Parfum liquide des Indes.

Le nom de parfum est donné à un ensemble de plantes aromatiques toutes venant des Indes ; cependant les parfums les plus estimés sont ceux de l'Arabie.

agréable, en observant toutefois qu'il y ait une certaine analogie entre les odeurs.

Lorsque la composition des parfums a acquis le degré de perfection possible, on les met dans des bouteilles ou flacons bien fermés.

Avec les résidus, le parfumeur pourra composer une poudre aromatique, en faisant brûler les fleurs et en y en ajoutant quelques-unes qui n'auront pas subi l'infusion ; il faudra qu'il y soit joint un peu de clous de girofle et de muscade pilés.

Ces poudres se brûlent dans des espèces de petits réchauds faits exprès, et répandent une odeur suave et agréable dans l'appartement. Il pourra aussi, pour leur donner plus de parfum, employer du *passe-musc*, provenant des testicules d'un petit animal nommé ainsi.

Cette partie de l'animal, quoique longtemps gardée et même desséchée jusqu'à devenir noire, exhale une odeur de musc beaucoup plus suave et qu'on préfère au musc des boutiques.

nent des graines menues de la même couleur.

C'est avec la substance que je viens de décrire que l'on obtient une huile qui se conserve très-long-temps.

On la rend d'une odeur suave en y ajoutant quelques gouttes d'huile de rose ou de jasmin; et l'on peut l'amalgamer avec les pommades, auxquelles elle procure une odeur qui, loin d'être malfaisante, dissipe les maux de tête.

CHAPITRE XXIII.

Huile de Pavot blanc.

C'est de la graine de cette plante que l'on extrait une huile qui est propre à décrasser, à polir et à adoucir la peau. Cette huile extraite des graines n'a pas l'inconvénient de celle extraite des fleurs, qu'on assure servir à la composition de l'opium.

Des naturalistes anciens et modernes assurent à leur tour que les fleurs de pavot ainsi que la graine sont *très-peu ou point somnifères*, mais sont excellentes pour l'usage que je viens d'indiquer.

dant vingt-quatre heures ; ensuite vous les pressez assez pour qu'il ne reste plus d'eau, et vous les exposez à l'air, loin des endroits où elles pourraient s'imprégner de poussière ; puis, vous prenez une espèce d'aiguille à tricoter bien arrondie par le bout, afin de pénétrer dans les petits trous qui sont remplis de mucilage, et qui nuiraient à la peau lorsqu'on l'emploierait pour se laver le visage.

Lorsque l'éponge est bien sèche, on la remet une seconde fois dans l'eau, on l'épluche de nouveau, et on la fait encore sécher.

Lorsque les éponges ont subi ces opérations, elles sont susceptibles de recevoir toutes les essences que l'on veut leur communiquer.

Il faut avoir le soin de réserver pour la toilette celles qui sont fines et moelleuses, et surtout dégagées des poussières qui, ainsi que je viens de le dire, seraient très-nuisibles à la peau.

CHAPITRE XXV.

Fleurs Artificielles parfumées.

Lorsque la belle saison est passée, que les

allusion aux beaux jours d'été, et l'on attendrait plus patiemment la saison qui permettrait de faire comparaison des fleurs naturelles avec celles artificielles.

CHAPITRE XXVI.

Sachets pour les Bains.

Les bains sont ordonnés par les médecins dans beaucoup de maladies, je dirais presque dans toutes. Beaucoup de personnes en prennent même par habitude, d'autres par plaisir.

Ces dernières ne manqueront point de se procurer des sachets qui aromatiseront leurs bains, surtout s'ils sont préparés avec soin, et que les fleurs soient multipliées de manière à former un pot-pourri agréable.

Ce qu'il faut que le parfumeur observe, c'est de ne point mêler dans les sachets de l'*ambre* ni du *musc*. Les feuilles de roses musquées, d'œillets musqués, donneront une odeur moins forte et nullement malfaisante.

Lorsque ces feuilles ont été bien séchées à l'ombre, on les parfume avec des poudres d'iris, de lavande, d'œillet, de réséda ; et

sariette, que l'on introduit dans les bains ordonnés pour les douleurs.

CHAPITRE XXVIII.

Lait du Coco pour les Pâtes.

Le coco (ou coquo) est aussi nommé *noix de l'Inde*, parce qu'il est très-cultivé dans les Indes : ce sont les Hollandais qui le transportent en Europe.

Lorsque le fruit a pris son accroissement, la moelle que renferme l'écorce prend de la consistance et un goût qui approche beaucoup de celui d'amande douce. Il est très-facile de retirer par trituration du lait de ces amandes, avec lequel on peut confectionner de la pâte, que l'on parfume de telle essence que l'on veut, surtout de celles qui sont le plus en vogue.

L'on en peut aussi retirer une huile odorante pour les lampes et les quinquets.

CHAPITRE XXIX.

Eau ou Vinaigre de Cresson sauvage, ou Ambrosie sauvage.

Cette plante est facile à trouver : elle croit

On pulvérise les graines et on les met infuser avec les plantes dans du vinaigre d'Orléans, en y ajoutant du sel gris et de la poudre de thériaque.

Cette eau doit être prescrite à tous ceux qui, dans de bonnes intentions, vont visiter les hôpitaux ; c'est un préservatif contre toutes les émanations malfaisantes.

CHAPITRE XXXI.

Eau de Plantin.

Les feuilles du plantin sont astringentes, vulnéraires et fébrifuges.

L'on fait une eau distillée des feuilles du plantin, qui est bonne pour les maladies d'yeux.

Cette eau est aussi facile à faire que la plante est facile à découvrir. On la trouve dans les prés, les vignes, les chemins ; il y a même des propriétaires qui en cultivent dans leurs jardins, afin de s'éviter la peine d'en envoyer chercher.

Il faut s'abstenir d'y mettre du sel gris, qui est trop âcre pour la vue ; il faut y suppléer par une médiocre quantité de sel d'oseille.

L'on imbibe un linge blanc avec cette eau,

Pour confectionner l'huile composée, l'on pile le girofle et la vanille; l'on exprime ensuite le jus de quelques oranges : l'on met ces trois choses dans de l'esprit de vin infusé au bain-marie. Lorsque l'infusion est suffisamment échauffée, l'on y ajoute des feuilles d'œillet et de jasmin, que l'on épluche avec précaution, et on les laisse infuser deux fois vingt-quatre heures; ensuite on filtre l'huile sans la presser, et on la met dans des bouteilles bien bouchées.

Il ne faut pas dédaigner les résidus de cette huile. Quand elle est bien égouttée, vous les jetez dans de bon vinaigre d'Orléans, en y ajoutant une ou deux muscades pilées; le vinaigre a une odeur très-agréable.

J'ai omis avec intention de traiter l'article des *gants* et des *peaux grasses*.

Depuis long-temps les parfumeurs ne s'occupent plus de la confection des gants; ils en vendent cependant, mais par une ancienne habitude.

S'ils veulent en parfumer pour les goûts sensuels, il leur sera facile de les imprégner des odeurs le plus en usage. Les sachets, les poudres odorantes, viennent à leur secours pour ces sortes de parfums.

L'on en fait aussi avec du poil de chat angora blanc, qui sont assez belles, et à meilleur marché, raison pour laquelle le parfumeur doit en avoir, afin d'en vendre à ceux qui pourraient lui en demander; mais elles sont loin de valoir celles de cygne.

L'on en faisait autrefois en soie, avec lesquelles on lançait et on faisait voler la poudre qui allait tomber sur la tête; mais cet usage était passé avant que celui de la poudre eût cessé, pour la majeure partie du monde.

Le cygne, qui est, sans contredit, le plus beau des oiseaux aquatiques, et qui passe pour avoir servi de modèle pour perfectionner la fabrication des navires (1), n'est

(1) Les premiers navigateurs, dit-on, ont formé sur le col et la poitrine du cygne, la proue et la quille des navires; sur le ventre et la queue, la poupe et le gouvernail; sur les ailes, les voiles; et sur les pieds, les rames. L'on ne saurait voir, il est vrai, de spectacle plus brillant et plus élégant que celui d'une troupe de cygnes au milieu des eaux, lorsqu'ayant soulevé leurs ailes avec grâce en forme de voiles, le vent fait voguer avec rapidité cette flotte emplumée.

les rhumatismes, parce qu'elle occasione une douce transpiration propre à dissiper les humeurs arrêtées dans les parties sur lesquelles on l'applique.

Son duvet sert à remplir des coussins et des oreillers qui peuvent le disputer à ceux d'édredon.

CHAPITRE XXXIV.

Éponges à Dents.

Un des objets les plus importans pour le commerce du parfumeur, ce sont les éponges très-fines à dents.

Communément, sur un morceau d'ivoire ou d'os, l'on met ou l'on fixe avec un fil de laiton d'un bout une petite brosse à dents, et de l'autre une petite éponge fine pour la même destination.

Il serait à souhaiter que l'on ne fît usage que de l'éponge. Si on a le malheur d'avoir quelques dents de moins dans la bouche, il est constant que l'emploi de la brosse dans ce cas est dangereux, en ce que la brosse a bientôt ébranlé la dent voisine de la place vacante, et l'a bientôt fait tomber : l'on peut

cer qu'elles sont préférables pour la conservation des dents.

Le parfumeur peut et doit faire des brosses dentifrices avec la racine de guimauve ou celle de mauve. Pour les faire, on les coupe en bâtons, on en effile les deux extrémités, puis on les fait bouillir dans de l'eau salée ou dans de l'eau colorée par le bois d'Inde; ensuite on les fait sécher au four.

Le parfumeur peut les annoncer sous le titre de *Brosses conservatrices des dents.*

CHAPITRE XXXV.

Poudre de Savon.

J'ai dit, au titre XII, chapitre IV, *des Savonettes aux fines herbes*, que quand les feuilles et les fleurs des plantes aromatiques y énoncées étaient bien séchées, on les réduisait en poudre, que l'on mêlait cette poudre avec le savon, et qu'on le parfumait ensuite avec les essences qui lui convenaient le mieux.

C'est lorsque ce savon lui-même ainsi aromatisé, ou dans lequel on a mêlé la poudre des herbes et des fleurs aromatiques et les

pant des plus agréables, par le coloris et la souplesse de ses tiges qui s'entrelacent à volonté, par le vert de ses feuilles, et surtout par la couleur de ses fleurs et leur odeur suave.

Ses fleurs viennent au sommet des rameaux en grand nombre, disposées en rayons; elles sont tantôt blanchâtres, tantôt jaunâtres ou colorées de rouge, d'une seule pièce, qui est un tuyau à son origine, évasé par le haut, et partagé en deux lèvres, dont la supérieure est fort découpée, et l'inférieure est en forme de langue.

L'on cultive plusieurs espèces de chèvre-feuilles, sous les noms de chèvre-feuilles *précoces*, *tardifs*, *à fleurs écarlates* et *semper*, ou chèvre-feuilles toujours verts (*semper virides*).

Le chèvre-feuille précoce fleurit dès la fin d'avril; le romain au commencement du mois de mai; le tardif d'automne donne des fleurs qui durent environ quinze jours, et le *semper* ou chèvre-feuille toujours vert commence à fleurir en juin, et donne encore quelques bouquets en octobre.

Le chèvre-feuille de Virginie, qui est un des plus agréables par ses fleurs jaunes en

donnent des fleurs simples, et d'autres qui donnent des fleurs doubles.

Pour les épiniers roses, ils ne sont qu'à fleurs simples.

Les épiniers blancs à fleurs doubles, et les épiniers à fleurs roses, deviennent de grands arbres; et l'épinier blanc à fleurs simples n'est jamais qu'un arbuste qui s'élève souvent très-haut, mais qui reste toujours mince.

Les fleurs des épiniers blancs répandent une odeur forte, pénétrante, mais suave.

Je ne doute pas que, par expression, l'on n'en puisse faire des extraits comme des autres fleurs à odeur aussi forte.

Je dis que je n'en doute pas : néanmoins c'est une opinion que je hasarde, parce que je n'ai vu dans aucun des ouvrages que j'ai lus sur la parfumerie, que l'on parlât d'extrait, d'essence, d'huile ou même d'eau odorante à faire avec les fleurs d'épine blanche.

Je me borne ici à conseiller aux parfumeurs d'en faire l'essai; je suis intimement convaincue qu'il leur réussira.

les femmes, et quelquefois les hommes dans certains pays, se servent pour embellir leur teint, imiter les couleurs de la jeunesse, ou les réparer par artifice.

L'antimoine est le plus ancien fard connu, et en même temps celui qui a le plus de faveur.

Les Françaises doivent l'usage du blanc et du rouge (du talc et du carmin), aux Italiens qui vinrent à la cour de Catherine de Médicis; mais ce n'est guère que sur la fin du 17e siècle que l'usage du rouge, du crêpon de Strasbourg et du nakarat de Portugal, est devenu général parmi les femmes de condition.

C'est le talc (espèce de pierre réfractaire) qui forme le fond du rouge de la toilette, après avoir été coloré avec du carmin auquel on a joint quelques gouttes d'huile de ben pour lui donner du corps.

Le carmin se fait avec le bois du Brésil et l'alun (1). Le carmin fait avec le bois de Brésil n'approche point de la beauté de celui

---

(1) C'est même celui dont on se sert pour peindre en miniature.

dissolution du sel, qu'on laisse reposer après cela pendant une demi-heure, et dans laquelle on jette un ou deux blancs d'œuf: ce blanc d'œuf se coagule et se précipite avec toute la partie colorante qui doit faire le carmin.

Pour faire le rouge, on prend du carmin en poudre, on le fait dissoudre dans de l'eau chaude, on y ajoute du talc pulvérisé bien fin, et on remue jusqu'à ce que le carmin soit en dissolution; l'on y verse quelques gouttes d'huile vierge et quelques gouttes de dissolution de gomme adragant; on agite le tout jusqu'à ce qu'il soit bien incorporé et d'une consistance un peu ferme; on le fait ensuite sécher sur un feu doux, dans des cassolettes qui y sont destinées. (Voyez ci-dessus, chap. XVII, *Blanc de Baleine.*)

CHAPITRE XL ET DERNIER.

Objets du Commerce du Parfumeur non fabriqués par lui.

Il est beaucoup d'objets qui sont du commerce du parfumeur, et qui ne sont point fabriqués par lui. Je ne puis que lui recommander de s'en approvisionner dans les meil-

TABLE

DES TITRÉS ET CHAPITRES.

Pages.

Pages.

N. B. *Comme il y a à Paris deux Libraires du nom de* ROREТ, *l'on est prié de bien indiquer l'adresse.*

COLLECTION DE MANUELS

FORMANT UNE

ENCYCLOPÉDIE

DES

SCIENCES ET ARTS,

FORMAT IN-DIX-HUIT.

PAR UNE RÉUNION DE SAVANS ET DE PRATICIENS;

MM. AMOROS, directeur du Gymnase; ARSENNE, peintre; BOITARD, natural.; CHORON, dir. de l'inst. roy. de musiq.; FERDINAND DENIS; JULIA-FONTENELLE, prof. de chim.; HUOT, naturaliste, LACROIX, membre de l'Institut; LAUNAY, fondeur de la colonne de la place Vendôme; SÉBASTIEN LENORMAND, profess. de technologie; LESSON, naturaliste; PERROT, membre de la Société royale académique des sciences; PEUCHET; RIFFAULT, ancien directeur des poudres et salpêtres; TERQUEM, professeur aux Ecoles royales; TOUSSAINT, architecte; VERGNAUD, ancien élève de l'Ecole Polytechnique, etc., etc.

DEPUIS que les Sciences exactes ont, par leur application à l'Agriculture et aux Arts, contribué si puissamment au développement de l'Industrie agricole et de l'Industrie manufacturière, leur Etude est devenue un besoin pour toutes les classes de la Société, les Mathématiques, la Physique, la Chimie, sont des

LIBRAIRIE ENCYCLOPÉDIQUE
DE RORET,

RUE HAUTEFEUILLE, AU COIN DE LA RUE DU BATOIR,

N. B. *Comme il y a à Paris deux Libraires du nom de* RORET, *l'on est prié de bien indiquer l'adresse.*

MANUEL D'ALGÈBRE, ou Exposition élémentaire des principes de cette science, à l'usage des personnes privées des secours d'un maître; par M. TERQUEM, docteur ès sciences, officier de l'Université, professeur aux Écoles royales, etc. Un gros volume. 3 fr. 50 c.

— **DE L'AMIDONNIER ET DU VERMICELLIER**, auquel on a joint tout ce qui est relatif à la fabrication des produits obtenus avec la pomme de terre, les marrons d'Inde, les châtaignes, et toutes les autres plantes connues pour contenir quelque substance amilacée ou féculente, par M. MORIN. Un vol. orné de figures. 3 fr.

— **D'ARCHITECTURE**, ou Traité général de l'art de bâtir; par M. TOUSSAINT, architecte. Deux gros volumes ornés d'un grand nombre de planches. 7 fr.

— **D'ARPENTAGE**, ou Instruction sur cet art et sur celui de lever les plans; par M. LACROIX, membre de l'Institut. *Nouvelle édition*. Un volume orné de planches. 2 fr. 50 c.

— **D'ARITHMÉTIQUE DÉMONTRÉE**, à l'usage des jeunes gens qui se destinent au commerce, et de tous ceux qui desirent se bien pénétrer de cette science; par M. COLLIN, et revu par M. R..., ancien élève de l'Ecole polytechnique. Un volume. 8e *édition*. 2 fr. 50 c.

— **DE L'ARTIFICIER**, ou l'Art de faire toutes sortes de feux d'artifice à peu de frais, et d'après les meilleurs procédés, contenant les Élémens de la Pyrotechnie civile et militaire, leur application pratique à tous les artifices connus jusqu'à ce jour, et à de nouvelles combinaisons fulminantes; par M. VERGNAUD, capitaine d'artillerie 2e *édition*. Un vol. orné de planches. 3 fr.

— **D'ASTRONOMIE**, ou Traité élementaire de cette science, d'après l'état actuel de nos connaissances, contenant l'Exposé complet du Sistème du Monde, basé sur les travaux les plus récens et les resultats qui dérivent des recherches de M. Pouillet, sur la temperature du soleil, et de celles de M. ARAGO sur la densité de la partie extérieure de cet astre; par M. BAILLY, membre de plusieurs sociétés savantes. 3e *édition*. Un volume orné de planches. 2 fr. 50 c.

MANUEL DU CHARPENTIER, ou Traité complet et simplifié de cet Art ; par MM HANUS ET BISTON (VALENTIN). 2e édition. Un vol. orné de 12 planches. 3 fr. 50 c.

— **DU CHAMOISEUR, MAROQUINIER, PEAUSSIER ET PARCHEMINIER**, contenant les procédés les plus nouveaux, toutes les découvertes faites jusqu'à ce jour, et toutes les connaissances nécessaires à ceux qui veulent pratiquer ces Arts, par M. DESSABLES. Un vol. orné de planches. 3 f.

— **DU CHANDELIER ET DU CIRIER**, suivi de l'Art du fabricant de cire à cacheter ; par M. SÉBASTIEN LENORMAND, professeur de technologie, etc. Un gros vol. orné de planch. 3 fr.

— **DU CHARCUTIER**, ou l'Art de préparer et de conserver les différentes parties du cochon, d'après les plus nouveaux procédés, précédé de l'art d'élever les porcs, de les engraisser et de les guérir ; par une réunion de Charcutiers, et rédigé par madame CELNART. Un vol. 2 fr. 50 c.

— **DU CHASSEUR**, contenant un Traité sur toutes les chasses, un vocabulaire des termes de vénerie, de fauconnerie et de chasse ; les lois, ordonnances de police, etc., sur le port d'armes, la chasse, la pêche, la louveterie. *Quatrième édition.* Un volume, avec figures et musique. 3 fr.

— **DU CHAUFOURNIER**, contenant l'Art de calciner la pierre à chaux et à plâtre, de composer toutes sortes de mortiers ordinaires et hydrauliques, cimens, pouzzolanes artificielles, bétons, mastics, briques crues, pierres et stucs, ou marbres factices propres aux constructions ; par M. BISTON. Un gros vol. 3 fr.

— **DE CHIMIE**, ou Précis élémentaire de cette science, dans l'état actuel de nos connaissances ; par M. RIFFAULT. *Troisième édition*, revue, corrigée et très-augmentée, par M. VERGNAUD. Un gros vol. orné de figures. 3 fr. 50 c.

— **DE CHIMIE AMUSANTE**, ou nouvelles Récréations chimiques, contenant une suite d'expériences curieuses et instructives en chimie, d'une exécution facile, et ne présentant aucun danger ; par FRÉDÉRIC ACCUM ; suivi de notes intéressantes sur la Physique, la Chimie, la Minéralogie, etc., par SAMUEL PARKES. Traduit de l'anglais, par M. RIFFAULT. *Troisième édition*, revue par M. VERGNAUD. Un vol. orné de figures. 3 fr.

ART DE SE COIFFER SOI-MÊME, enseigné aux dames, suivi du MANUEL DU COIFFEUR, précédé de préceptes sur l'entretien, la beauté et la conservation de la chevelure, etc., etc., par M. VILLARET Un joli volume. 2 fr. 50 c.

MANUEL DE LA BONNE COMPAGNIE, ou Guide de la politesse des égards, du bon ton et de la bienséance. *Cinquième édition*, Un volume. 2 fr. 50 c.

— **DU CONSTRUCTEUR DE MACHINES A VAPEUR**

MANUEL DU DESSINATEUR, ou Traité complet de cet art contenant le dessin linéaire à vue, le dessin linéaire géométrique, le dessin de l'ornement, le dessin de la figure, le dessin du paysage, le dessin et lavis de la topographie; par M. PERROT, etc. *Deuxième édition*. Un vol. orné de planches. 3 fr

— **DU DESSINATEUR ET DE L'IMPRIMEUR LITHOGRAPHE**, par M. BRÉGEAUT, lithographe breveté de S. A. R. Mgr le Dauphin. *Seconde édition*. Un volume orné de 12 lithographies. 3 fr.

— **DU DESTRUCTEUR DES ANIMAUX NUISIBLES**, ou l'Art de prendre et de détruire tous les animaux nuisibles à l'agriculture, au jardinage, à l'économie domestique, à la conservation des chasses, des étangs, etc., etc.; par M. VÉRARDI, propriétaire-cultivateur. Un vol. orné de planches. 3 fr.

— **DU DISTILLATEUR LIQUORISTE**, ou Traité de la Distillation en général; suivi de l'Art de fabriquer des liqueurs à peu de frais et d'après les meilleurs procédés; par M. LEBEAUD. *Troisième édition*. Un vol. 3 fr.

— **D'ÉCONOMIE DOMESTIQUE**, contenant toutes les recettes les plus simples et les plus efficaces sur l'économie rurale et domestique, à l'usage de la ville et de la campagne; par madame CELNART *Deux. édit*. Un vol. orné de figures. 2 fr. 50 c.

— **D'ENTOMOLOGIE**, ou Histoire naturelle des Insectes; contenant la synonymie et la description de la plus grande partie des espèces d'Europe et des espèces exotiques les plus remarquables; par M. BOITARD. Deux gros vol. 7 fr.

ATLAS D'ENTOMOLOGIE, composé de 110 planches représentant les insectes décrits dans l'ouvrage ci dessus.

Figures noires. 17 fr.

Figures coloriées. 34 fr.

MANUEL D'ÉLECTRICITÉ ATMOSPHÉRIQUE, par M. RIFFAULT. Un vol. orné de planches. 2 fr. 50 c.

— **DU STYLE ÉPISTOLAIRE**, ou Choix de Lettres puisées dans nos meilleurs auteurs, précédé d'instructions sur l'Art Epistolaire et de Notices Biographiques; par M. BISCARRAT, professeur. Un gros vol. 3 fr.

— **DU FABRICANT D'ÉTOFFES IMPRIMÉES ET DU FABRICANT DE PAPIERS PEINTS**, contenant les procédés les plus nouveaux pour imprimer les étoffes de coton, de lin, de laine et de soie, et pour colorer la surface de toutes sortes de papiers; par M. Sébastien LENORMAND. Un vol. orné de planches. 3 fr.

— **DU FABRICANT DE DRAPS**, ou Traité général de la fabrication des draps; par M. BONNET. Un volume. 3 fr.

— **DU FABRICANT ET DE L'ÉPURATEUR D'HUILES**,

deles des rapports et des procès-verbaux ; par M. Rondonneau. Un vol. 2 fr. 50 c.

MANUEL DES GARDES-MALADES, et des personnes qui veulent se soigner elles-mêmes, ou l'Ami de la santé, contenant un exposé clair et précis des soins à donner aux malades de tout genre, la manière de gouverner les femmes pendant leurs couches, les enfans au moment de la naissance, et généralement de ce qu'il importe le plus de connaître à tous ceux qui veulent se livrer au soulagement de l'humanité souffrante ; par M. Morin, docteur en médecine. Un volume. *Troisième édition.* 2 fr. 50 c.

— **DES GARDES NATIONAUX DE FRANCE**, contenant l'école du soldat et de peloton, d'après l'ordonnance du 4 mars 1831, l'entretien des armes, etc. ; précédés de la nouvelle loi de 1831 sur la garde nationale ; l'état-major ; le modèle du drapeau, l'ordre du jour sur l'uniforme en général, et celui pour les communes rurales ; adopté par le général en chef ; par M R.-L. ; 28e édition, ornée d'un grand nombre de figures représentant les divers uniformes de la garde nationale, et toutes celles nécessaires pour l'exercice et les manœuvres. Un gros vol. in 18, 1 fr. 25 c., et 1 fr. 75 c par la poste. L'on ajoutera 50 c. pour recevoir le même ouvrage avec tous les uniformes coloriés.

— **GÉOGRAPHIQUE**, ou le nouveau Géographe manuel, contenant la Description statistique et historique de toutes les parties du monde ; la Concordance des calendriers ; une Notice sur les lettres de change, bons aux porteurs, billets à ordre, etc ; le Système métrique, la Concordance des mesures anciennes et nouvelles ; les Changes et monnaies étrangères évaluées en francs et centimes ; par Alexandre Devilliers. Un gros vol. *Troisième édit.* 3 fr. 50 c.

— **DE GÉOMÉTRIE**, ou Exposition élémentaire des principes de cette science, comprenant les deux trigonométries, la théorie des projections, et les principales propriétés des lignes et surfaces du second degré, à l'usage des personnes privées des secours d'un maître ; par M. Terquem Un gros volume orné de pl. 3 fr. 50 c.

— **DE GYMNASTIQUE**, par M. le colonel Amoros. Deux gros vol. et atlas composé de 50 planches. 10 fr. 50 c.

— **DU GRAVEUR**, ou Traité complet de l'Art de la Gravure en tous genres, d'après les renseignemens fournis par plusieurs artistes et rédigé par M. Perrot. Un vol. 3 fr.

— **DE L'HERBORISTE, DE L'ÉPICIER-DROGUISTE ET DU GRAINIER-PÉPINIÉRISTE**, contenant la description des végétaux, les lieux de leur naissance, leur analyse chimique et leurs propriétés médicales ; par MM. Julia Fontenelle et Tollard. Deux gros volumes. 7 fr.

— **D'HISTOIRE NATURELLE**, comprenant les trois

contenant les tarifs très-simplifiés en anciennes et nouvelles mesures, relatifs à l'art de jauger; toutes les lois, ordonnances, règlemens sur les boissons, etc., etc.; par M. LAUDIER, membre de la Légion-d'Honneur, et par M. D...., avocat à la Cour royale de Paris. Un volume orné de figures. 3 fr.

MANUEL DES JEUNES GENS, ou Sciences, arts et récréations qui leur conviennent, et dont ils peuvent s'occuper avec agrément et utilité, tels que jeux de billes, etc; la gymnastique, l'escrime, la natation, etc.; les amusemens d'arithmétique, d'optique, aérostatiques, chimiques, etc.; tours de magie, de cartes, etc.; feux d'artifice, jeux de dames, d'échecs, etc.; traduit de l'anglais par PAUL VERGNAUD. Ouvrage orné d'un grand nombre de vignettes gravées sur bois par GODARD. 2 vol. 6 fr.

— **DES JEUX DE CALCUL ET DE HASARD**, ou Nouvelle Académie des jeux, contenant, tous les jeux préparés simples, tels que les Jeux de l'Oie, de Loto, de Domino, les Jeux préparés composés, comme Dames, Trictrac, Echecs, Billard, etc.; 2° Tous les Jeux de Cartes, soit simples, soit composés : 1° les jeux d'enfans, les Jeux communs, tels que la Bête, la Mouche, la Triomphe, etc.; 3° les Jeux de salon, comme le Boston, le Reversis, le Whiste; 4° les Jeux d'application, le Piquet, etc.; 5° les Jeux de distraction, comme le Commerce, le Vingt-et-Un, etc.; 6° enfin les Jeux spécialement dits de *Hasard*, tels que le Pharaon, le Trente et Quarante, la Roulette, etc.; par M. LEBRUN. Un volume. 3 fr.

— **DES JEUX DE SOCIÉTÉ**, renfermant tous les Jeux qui conviennent aux jeunes gens des deux sexes; tels que Jeux de jardin, Rondes, Jeux-Rondes, Jeux publics, Montagnes russes et autres, Jeux de Salon, Jeux preparés, Jeux-Gages, Jeux d'Attrape, d'Action, Charades en action; Jeux de Mémoire, Jeux d'Esprit, Jeux de Mots, Jeux-Proverbes, Jeux-Pénitences, etc.; par madame CELNART. 2e *edition*. Un gros vol. 3 fr.

— **DU LIMONADIER ET DU CONFISEUR**, contenant les meilleurs procédés pour préparer le café, le chocolat, le punch, les glaces, boissons rafraîchissantes, liqueurs, fruits à l'eau-de-vie, confitures, pâtes, esprits, essences, vins artificiels, pâtisserie légère, bière, cidre, eaux, pommades et poudres cosmétiques, vinaigres de ménage et de toilette, etc., etc.; par M. CARDELLI. Un gros vol. *Cinquième édition*. 2 fr. 50 c.

— **DE LA MAITRESSE DE MAISON, ET DE LA PARFAITE MÉNAGÈRE**, ou Guide pratique pour la gestion d'une maison à la ville et à la campagne, contenant les moyens d'y maintenir le bon ordre et d'y établir l'abondance, de soigner les enfans, de conserver les substances alimentaires, etc., etc.,

ture des bois indigènes et exotiques, la manière de les teindre, de les travailler, d'en faire toutes espèces d'ouvrages et de meubles, de les polir et vernir, d'exécuter toutes sortes de placages et de marqueterie ; par M. NOSBAN, menuisier-ébeniste. *Deuxième édition.* Deux volumes ornés de planches. 6 fr.

MANUEL DE METÉOROLOGIE, ou Explication théorique et démonstrative des phénomènes connus sous le nom de météores ; par M. FELLENS. Un vol. orné de planches. 3 fr. 50 c.

— **DE MINÉRALOGIE**, ou Traité élémentaire de cette science d'après l'état actuel de nos connaissances ; par M. BLONDEAU. 3e *édition*, revue par M. JULIA FONTENELLE. Un gr. vol. 3 fr. 50 c.

ATLAS DE MINÉRALOGIE, composé de 40 planches représentant la plupart des minéraux décrits dans l'ouvrage ci-dessus.

Prix : Figures noires 6 fr.

Figures coloriées 12 fr.

— **DE MINIATURE, ET DE GOUACHE**, par M. CONSTANT VIGUIER, suivi du **MANUEL DU LAVIS A LA SEPPIA ET DE L'AQUARELLE**, par M. LANGLOIS DE LONGUEVILLE. Un gros volume orné de planches. *Deuxième édition.* 3 fr.

— **DE L'HISTOIRE NATURELLE DES MOLLUSQUES ET DE LEURS COQUILLES**, ayant pour base de classification celle de M. Cuvier, par M. RANG. Un gros vol. orné de pl. 3 fr. 50 c.

ATLAS POUR LES MOLLUSQUES, représentant les mollusques nus et les coquilles, 51 planches, figures noires. 7 fr.

Figures coloriées. — 14 fr.

— **DU MOULEUR**, ou l'Art de mouler en plâtre, carton, carton-pierre, carton-cuir, cire, plomb, argile, bois, écaille, corne, etc., etc., contenant tout ce qui est relatif au moulage sur nature morte et vivante, au moulage de l'argile, etc. ; par M. LEBRUN. Un vol. orné de fig. 2 fr. 50 c.

— **DU NATURALISTE PRÉPARATEUR**, ou l'Art d'empailler les animaux, de conserver les végétaux et les minéraux ; par M. BOITARD. Un volume. *Deuxième édition.* 2 fr. 50 c.

— **DU NÉGOCIANT ET DU MANUFACTURIER**, contenant les Lois et Règlemens relatifs au commerce, aux fabriques et à l'industrie ; la connaissance des marchandises ; les usages dans les ventes et achats ; les poids, mesures, monnaies étrangères ; les douanes et les tarifs des droits ; par M. PEUCHET. Un vol. 2 fr. 50 c.

— **D'ORNITHOLOGIE**, ou Description des genres et des principales espèces d'oiseaux ; par M. LESSON. Deux gros vol. 7 fr.

ATLAS D'ORNITHOLOGIE, composé de 129 planches représentant les oiseaux décrits dans l'ouvrage ci-dessus.

Figures noires 20 fr.

Figures coloriées 40 fr.

— **DU PARFUMEUR**, contenant les moyens de perfection

MANUEL DE PHYSIOLOGIE VÉGÉTALE, DE PHYSIQUE, DE CHIMIE ET DE MINÉRALOGIE, APPLIQUÉES A LA CULTURE; par M. BOITARD. Un vol., orné de planches. 3 fr.

— **DE PHYSIQUE**, ou Élémens abrégés de cette science, mis à la portée des gens du monde et des étudians: contenant l'exposé complet et méthodique des propriétés générales des corps solides, liquides et aériformes, ainsi que des phénomènes du son; suivi de la nouvelle Théorie de la lumière dans le système des ondulations, et de celles de l'électricité et du magnétisme réunis; par M. BAILLY, élève de MM. Arago et Biot. *Cinquième édition*. Un volume orné de planches. 2 fr. 50 c.

— **DE PHYSIQUE AMUSANTE**, ou nouvelles Récréations physiques, contenant une suite d'expériences curieuses, instructives et d'une exécution facile, ainsi que diverses applications aux arts et à l'industrie: suivi d'un Vocabulaire de physique; par M. JULIA-FONTENELLE. *Troisième édition*. Un volume orné de planches. 3 fr.

— **DU POÊLIER-FUMISTE**, ou Traité complet de cet art, indiquant les moyens d'empêcher les cheminées de fumer, l'art de chauffer économiquement et d'aérer les habitations, les manufactures, les ateliers, etc.; par M. ARDENNI. Un volume orné de planches. 3 fr.

— **DES POIDS ET MESURES**, des Monnaies et du Calcul décimal; par M. TARBÉ. *Quatorzième édition*. Un vol. 3 fr.

— **DU PORCELAINIER, DU FAIENCIER ET DU POTIER DE TERRE**, suivi de l'Art de fabriquer les terres anglaises et de pipe, ainsi que les poêles, les pipes, les carreaux, les briques et les tuiles; par M. BOYER, ancien fabricant et pensionnaire du Roi. Deux volumes. 6 fr.

— **DU PRATICIEN**, ou Traité complet de la science du Droit mise à la portée de tout le monde, où sont présentées les instructions sur la manière de conduire toutes les affaires, tant civiles que judiciaires, commerciales et criminelles qui peuvent se rencontrer dans le cours de la vie, avec les formules de tous les actes, et suivi d'un Dictionnaire administratif abrégé; par M. D***, avocat à la Cour royale de Paris. *Deuxième édition*. Un gros volume. 3 fr. 50 c.

— **DES PROPRIÉTAIRES D'ABEILLES**, contenant: 1° la ruche villageoise et lombarde, et les ruches à hausses, perfectionnées au moyen de petits grillages en bois, très-faciles à exécuter; 2° des procédés pour réunir ensemble plusieurs ruches faibles, afin d'être dispensé de les nourrir, 3° une méthode très-avantageuse de gouverner les abeilles, de quelque forme que soient leurs ruches pour en tirer de grands profits; par J. RADOUAN. *Troisième édition*, corrigée et suivie de l'ART D'ÉLEVER LES VERS A SOIE et de cultiver le mûrier; par M. MORIN. Un gros vol. orné de planches. 3 fr.

MANUEL DU TOURNEUR, ou Traité complet et simplifié de cet art, d'après les renseignemens fournis par plusieurs tourneurs de la capitale ; rédigé par M. Dessables. *Deuxième édition*. Deux volumes ornés de planches. 6 fr.

— **DU VERRIER** et du Fabricant de glaces, cristaux pierres précieuses, factices, vers colorés, yeux artificiels, etc. ; par M. Julia-Fontenelle. Un gros volume orné de planches. 3 fr.

— **DU VÉTÉRINAIRE**, contenant la connaissance générale des chevaux, la manière de les élever, de les dresser et de les conduire, la description de leurs maladies et les meilleurs modes de traitement, des préceptes sur la ferrure, suivi de l'Art de l'équitation ; par M. Lebeaud. *Deuxième édition*. Un volume. 3 fr.

— **DU VIGNERON FRANÇAIS**, ou l'Art de cultiver la vigne, de faire les vins, les eaux-de-vie et vinaigres, contenant les différentes espèces et variétés de la vigne, ses maladies et les moyens de les prévenir, les meilleurs procédés pour gouverner, perfectionner et conserver les vins, les eaux-de-vie et vinaigres, ainsi que la manière de faire avec ces substances toutes les liqueurs, de gouverner une cave, mettre en bouteilles, etc., etc. ; enfin de profiter avec avantage de tout ce qui nous vient de la vigne ; suivi d'un coup d'œil sur les maladies particulières aux vignerons ; par M. Thiébaud de Berneaud. Un gros volume orné de planches *Troisième édition*. 3 fr.

—**DU VINAIGRIER ET DU MOUTARDIER**, suivi de nouvelles Recherches sur la fermentation vineuse, présentées à l'Académie royale des Sciences ; par M Julia-Fontenelle. Un vol. 3 fr.

— **DU VOYAGEUR DANS PARIS**, ou Nouveau Guide de l'étranger dans cette capitale, soit pour la visiter ou s'y établir, contenant la Description historique, géographique et statistique de Paris, son tableau politique, sa description intérieure, tout ce qui concerne à Paris les besoins, les habitudes de la vie, les amusemens, etc., etc., orné de plans et de planches représentant ses monumens ; par M Lebrun. Un gros volume. 3 fr. 50 c.

— **DU ZOOPHILE**, ou l'Art d'élever et de soigner les animaux domestiques ; par un propriétaire cultivateur, et rédigé par madame Celnart. Un volume. 2 fr. 50 c.

Ouvrages sous presse.

MANUEL COMPLÉMENTAIRE D'ALGÈBRE, comprenant la théorie et la résolution des équations ; la théorie des dérivées directes et inverses, avec les principales applications à la Géométrie, à la mécanique et au calcul des probabilités.

— **DE L'ARMURIER.**

— **DU BIJOUTIER ET DE L'ORFÈVRE.**

SEULE ÉDITION COMPLÈTE

DES

SUITES A BUFFON,

FORMAT IN-18,

Formant, avec les OEuvres de cet auteur,

UN

COURS COMPLET D'HISTOIRE NATURELLE,

CONTENANT LES TROIS RÈGNES DE LA NATURE;

Par MM. BOSC, BRONGNIART, BLOCH, CASTEL, GUÉRIN, DE LAMARCK, LATREILLE, DE MIRBEL, PATRIN, SONNINI et DE TIGNY, la plupart Membres de l'Institut et Professeurs au Jardin du Roi.

CETTE Collection, primitivement publiée par les soins de M. Déterville, et qui est devenue la propriété de M. Roret, ne peut être donnée par d'autres éditeurs, n'étant pas, comme les OEuvres de Buffon, dans le domaine public.

Les personnes qui auraient les suites de Lacépède, contenant seulement les Poissons et les Reptiles, auront la liberté de ne pas les prendre dans cette Collection.

Cette Collection forme 108 volumes, ornés d'environ 600 planches dessinées d'après nature, par Desève, et précieusement terminées au burin. Elle se composera des ouvrages suivans:

HISTOIRE NATURELLE DES INSECTES, composée d'après Réaumur, Geoffroy, Degeer, Roeser, Linnée, Fabricius, et les meilleurs ouvrages qui ont paru sur cette partie, rédigée suivant les méthodes d'Olivier et de Latreille, avec des notes, plusieurs observations nouvelles et des figures dessinées d'après nature; par F.-M.-G. DE TIGNY et BRONGNIART, pour les généralités. Edition ornée de beaucoup de figures, augmentée et mise au niveau des connaissances actuelles, par M. GUÉRIN. 20 vol., et 24 livraisons de planches, fig. noires 23 fr. 40 c.

Le même ouvrage, fig. coloriées. 39 fr.

— NATURELLE DES VÉGÉTAUX, classés par familles, avec la citation de la classe et de l'ordre de Linnée, et l'indication de l'usage qu'on peut faire des plantes dans les arts, le commerce, l'agriculture, le jardinage, la médecine, etc., des figures dessinées d'après nature, et un GENERA complet, selon le système de Linnée, avec des renvois aux familles naturelles de Jussieu; par J.-B. LAMARCK, membre de l'Institut, professeur au Muséum d'Histoire naturelle, et par C.-F.-B. MIRBEL, membre de l'Académie des Sciences, professeur de botanique. Edition ornée de

OUVRAGES DIVERS.

ABUS (des) **EN MATIÈRE ECCLÉSIASTIQUE** ; par M. BOYARD. Un vol. in 8°. 2 fr. 50 c.

ANNUAIRE DU BON JARDINIER ET DE L'AGRONOME, renfermant la description et la culture de toutes les plantes utiles ou d'agrement qui ont paru pour la première fois en 1829; contenant en outre les nouvelles d'horticulture, des considérations sur l'acclimatation et la naturalisation des plantes, les principes généraux de la greffe, la description de toutes les plantes herbacees, etc.; par un JARDINIER AGRONOME Un volume in-18. 3 fr.

La première année, pour 1826, 1 fr. 50 c.
La deuxième année, pour 1827, *même prix*.
La troisième année, pour 1828, *meme prix*.
La quatrième année, pour 1829, 3 fr.
La cinquième annee, pour 1830 3 fr.
La sixième annee, pour 1831. 3 fr. 50 c.

ARITHMÉTIQUE DES DEMOISELLES, ou Cours elémentaire d'arithmétique, en 12 leçons, par M. VENTENAC. Un vol. 2 fr. 50 c.

Cahier de Questions pour le même ouvrage. 50 c.

ART DE BRODER, ou Recueil de Modèles coloriés analogues aux différentes parties de cet art, à l'usage des demoiselles; par M. AUGUSTIN LEGRAND. Un vol. oblong. Prix : 7 fr.

ART DE CULTIVER LA VIGNE et de faire du bon vin malgré le climat et l'intempérie des saisons; par M. SALMON. Un volume in-12. 3 fr. 50 c.

— **(L') DE CONSERVER ET D'AUGMENTER LA BEAUTÉ**, de corriger et déguiser les imperfections de la nature; par LAMI. Deux jolis volumes in-18, ornes de gravures. 6 fr.

BARÊME (LE) PORTATIF DES ENTREPRENEURS EN CONSTRUCTIONS ET DES OUVRIERS EN BATIMENS, par M. BARBIER. Un vol. in-24. 60 c.

BEAUTÉS (LES) DE LA NATURE, ou Description des arbres, plantes, cataractes, fontaines, volcans, montagnes, mines, etc., les plus extraordinaires et les plus admirables, qui se trouvent dans les quatre parties du monde, par M. ANTOINE. Un volume, orné de six gravures. 2 fr. 50 c.

BOTANIQUE (LA) DE J.-J. ROUSSEAU, contenant tout ce qu'il a ecrit sur cette science, augmentée de l'exposition de la méthode de Tournefort et de Linnée, suivie d'un Dictionnaire de botanique et de notes historiques; par M. DEVILLE. *Deuxième édition*. Un gros volume orné de 8 planches, 4 fr.; fig. col. 5 fr.

GALERIE DE RUBENS, dite du Luxembourg, faisant suite aux galeries de Florence et du Palais Royal, par MM. MATHEI et CASTEL. Treize livraisons contenant vingt-cinq planches; un gros vol in-folio (ouvrage terminé).

Prix de chaque livraison : figures noires, 6 fr.

Avec figures coloriées, 10 fr.

GRAISSINET (M.), ou Qu'est il donc? Histoire comique, satirique et véridique, publiée par DUVAL, 4 vol. in-12 10 fr.

Ce roman, écrit dans le genre de ceux de Pigault, est un des plus amusans que nous ayons.

HISTOIRE D'ANGLETERRE, de HUME. Vingt volumes in-12, ornés de figures et tableaux généalogiques, tirés de l'Atlas de Lesage. 60 fr.

INFLUENCE (DE L') DES ÉRUPTIONS ARTIFICIELLES DANS CERTAINES MALADIES, par JENNER, auteur de la Découverte de la vaccine Brochure in 8 2 fr. 50 c.

LETTRES SUR LES DANGERS DE L'ONANISME, et Conseils relatifs au traitement des maladies qui en résultent; ouvrage utile aux pères de famille et aux instituteurs; par M. DOUSSIN-DUBREUIL. Un vol in-12. *Troisième édition*, 1 fr. 50 c.

— **SUR LA MINIATURE** par MANSION. Un vol. in 12. 4 fr.

MANUEL DES JUSTICES DE PAIX, ou Traité des fonctions et des attributions des Juges de paix, des Greffiers et Huissiers attachés à leur tribunal, avec les formules et modèles de tous les actes qui dépendent de leur ministère, auquel on a joint un recueil chronologique des lois, des décrets, des ordonnances du roi, et des circulaires et instructions officielles, depuis 1790, et un extrait des cinq Codes, contenant les dispositions relatives à la compétence des justices de paix; par M. LEVASSEUR, ancien jurisconsulte. *Huitième édition*, entièrement refondue par M. RONDONNEAU Un gros vol. in 8. 7 fr.

MANUEL MUNICIPAL (NOUVEAU), ou Répertoire des Maires, Adjoints, Conseillers municipaux, Juge de paix, Commissaire de police, et des Citoyens français, dans leurs rapports avec l'administration, l'ordre judiciaire, les colléges électoraux, la garde nationale, l'armée, l'administration forestière, l'instruction publique et le clergé, contenant l'exposé complet du droit et des devoirs des Officiers municipaux et de leurs Administrés, selon la législation nouvelle, suivi d'un appendice dans lequel se trouvent les formules pour tous les actes de l'administration municipale, par M BOYARD, conseiller à la cour royale de Nancy. Deux volumes in-8. 1831. 10 fr.

— **DE LITTÉRATURE A L'USAGE DES DEUX SEXES**, contenant un précis de rhétorique, un traité de la versification française, la définition de tous les différens genres de compositions en prose et en vers, avec des exemples tirés des

Le corrigé à l'usage des maîtres, 2 fr. 50 c.
Cours de cinquième à l'usage des élèves, 2 fr.
Le corrigé, 2 fr. 50 c.
Cours de quatrième à l'usage des élèves, 2 fr.
Le corrigé, 2 fr. 50 c.
Cours de troisième à l'usage des élèves, 2 fr.
Le corrigé, 2 fr. 50 c.
Cours de seconde à l'usage des élèves, 2 fr.
Le corrigé, 2 fr. 50 c.

ŒUVRES POÉTIQUES DE BOILEAU, nouvelle édition, accompagnée de notes faites sur Boileau par les commentateurs ou littérateurs les plus distingués; par M. J. PLANCHE, professeur de rhétorique au collége royal de Bourbon, et M NOEL, inspecteur général de l'Université. Un gros vol. in-12. 3 fr.

ORDONNANCE SUR L'EXERCICE ET LES MANŒUVRES D'INFANTERIE, du 4 mars 1831 (Ecole du soldat et du peloton.) Un vol in-18 orné de fig. 75 c.

PENSÉES ET MAXIMES DE FÉNÉLON. Deux volumes in-18, portrait. 3 fr.

— **DE J.-J. ROUSSEAU.** Deux volumes in-18, portrait. 3 fr

— **DE VOLTAIRE.** Deux volumes in-18, portrait. 3 fr.

PRÉCIS DE L'HISTOIRE DES TRIBUNAUX SECRETS, DANS LE NORD DE L'ALLEMAGNE, par A LOEVE VEIMARS, 1 vol. in-18. 2 fr. 50 c.

PRÉCIS HISTORIQUE SUR LES RÉVOLUTIONS DES ROYAUMES DE NAPLES ET DU PIÉMONT EN 1820 ET 1821, suivi de documens authentiques sur ces événemens; par M. le comte D.... *Seconde édition.* Un volume in-8. 4 fr. 50 c

PROCES DES EX-MINISTRES; Relation exacte et détaillée contenant tous les debats et plaidoyers recueillis par les meilleurs sténographes. *Troisième edition.* 3 gros volumes in-18, ornés de 4 portraits graves sur acier 7 fr. 50 c.

Rien n'a été négligé pour que cette relation soit la plus complete. Les séances du procès ont été collationnées sur le *Moniteur*.

ROMAN COMIQUE DE SCARRON. Quatre vol. in-12, fig. 8 fr.

SCIENCE (LA) ENSEIGNÉE PAR LES JEUX, ou théorie scientifique des jeux les plus usuels, accompagnee de recherches historiques sur leur origine, servant d'Introduction à l'étude de la mécanique, de la physique, etc.; imité de l'anglais; par M. RICHARD, professeur de mathematiques. Ouvrage orne d'un grand nombre de vignettes gravees sur bois par M. GODARD fils. 2 jolis volumes in-18. 7 fr.

SERMONS DU PÈRE L'ENFANT, PRÉDICATEUR DU ROI

DES DROITS ET DES DEVOIRS DE LA MAGISTRATURE FRANÇAISE ET DU JURY, par M. Boyard, conseiller à la Cour Royale de Nancy. Un vol. in-8. 6 fr.

DICTIONNAIRE (NOUVEAU) DE LA LANGUE FRANÇAISE, par MM. Noel et Chapsal Un vol. in-8, grand papier. 8 fr.

ESPRIT DU MÉMORIAL DE SAINTE-HÉLÈNE, par le comte de Las-Cases. Trois vol. in-12. 12 fr.

EXTRAIT ou ABRÉGÉ DE L'ATLAS DE LESAGE, renfermant les huit cartes les plus elementaires. 12 fr. 50 c

La Mappemonde. 2 fr

FABLES DE LA FONTAINE, avec 75 gravures sur bois. Edition publiée par M Crapelet. Deux vol. in-32. 7 fr.

FONCTIONS (LES) DE LA PEAU et des maladies graves qui résultent de leur dérangement; par M. Doussin-Dubreuil. Un vol in-12. 2 fr. 50 c

GLAIRES (DES), de leurs causes, de leurs effets et des indications à remplir pour les combattre. *Neuvième edition*; par M. Doussin-Dubreuil. in-8. 4 fr.

GRAMMAIRE FRANÇAISE (NOUVELLE) sur un plan trèsméthodique, avec de nombreux exercices d'Orthographe, de Syntaxe et de Ponctuation tirés de nos meilleurs auteurs, et distribués dans l'ordre des Règles; par MM. Noel et Chapsal. Trois volumes in-12 qui se vendent séparément, savoir :

— La Grammaire, 1 vol. 1 fr. 50 c.

— Les Exercices, 1 vol. 1 fr. 50 c.

— Le Corrigé des Exercices. 2 fr.

GRAMMAIRE NOUVELLE DES COMMENÇANS, contenant les dix parties du discours, développées et mises à la portée des enfans; par M Braid, élève de M Jacotot. 1 fr.

GUIDE GÉNÉRAL EN AFFAIRES, ou Recueil des modèles de tous les actes. *Troisième édition.* Un vol. in-12. 4 fr.

HEPTAMERON, ou les Sept premiers jours de la Création du monde, et les Sept âges de l'Église chretienne. Un vol. grand in-8. 10 fr.

INTRODUCTION A L'ÉTUDE DE L'HARMONIE, ou Exposition d'une nouvelle Théorie de cette science; par Victor Derode. Un vol. in-8 9 fr.

JEUX DE CARTES HISTORIQUES, par M. Jouy, de l'Académie française A 2 fr. le jeu.

Contenant l'Histoire romaine, l'Histoire de la monarchie française, l'Histoire grecque, la Mythologie, l'Histoire sainte, la géographie.

Celui-ci se vend 50 cent. de plus, à cause du planisphère.

L'Histoire du Nouveau Testament pour faire suite à l'Histoire sainte, l'Histoire d'Angleterre, l'Histoire des animaux, l'Histoire

TRICATA, auctore Am. Lepeletier de Saint-Fargeau, vol. in 8. 5 fr.

NOUVEAUX APERÇUS SUR LES CAUSES ET LES EFFETS DES GLAIRES, par M. Doussin-Dubreuil. In-8. 2 fr.

ORDONNANCES DE LOUIS XIV, concernant la juridiction des prevôts et echevins de la ville de Paris, 1 vol. in-18. 3 f.

PARFAIT NOTAIRE, par Massé, *Sixième édition*, 3 vol. in-4. 45 fr.

POÉSIES DE MADEMOISELLE ÉLISA MERCŒUR, *seconde édition*. Un vol in-18. 5 fr.

PULMONIE (DE LA), DE SES CAUSES LES PLUS ORDINAIRES, ET DES MOYENS D'EN PRÉVENIR LES FUNESTES EFFETS, par Doussin Dubreuil. Un volume in-12. 3 f. 50 c.

QUESTIONS DE LITTÉRATURE LEGALE; du Plagiat, de la Supposition d'auteurs, des Supercheries qui ont rapport aux livres, par M Ch. Nodier. 5 fr.

RECUEIL ET PARALLELES D'ARCHITECTURE, par M. Durand Grand in-folio 180 fr.

SITES PITTORESQUES DU DAUPHINÉ, Quarante études d'apres nature lithographiées par Dagnan. 50 fr.

STÉNOGRAPHIE, ou l'Art d'écrire aussi vite que la parole, par M. Conen de Prépéan, *nouvelle édition*. 5 f.

SOURD-MUET (le) ENTENDANT PAR LES YEUX, ou Triple Moyen de communication avec ces infortunés par des procédés abréviatifs de l'écriture, suivi d'un projet d'imprimerie syllabique; par le Père d'un Sourd-Muet, ancien éleve de l'école Polytechnique et membre de la Societé d'Agriculture, Sciences et Arts du département de l'Aube. Un vol. in 4°. 7 fr.

SUITE AU MEMORIAL DE SAINTE-HÉLENE, ou Observations critiques et anecdotes inédites pour servir de supplément et de correctif à cet ouvrage, contenant un manuscrit inédit de Napoleon, les six derniers mois du gouvernement imperial et l'exposé des causes qui contribuerent à sa chute, etc. Ornee du portrait de M. Las-Cases. Un volume in 8. 7 fr.

Le même ouvrage. Un volume in 12. 3 fr. 50 c.

TABLEAU DES PRINCIPAUX ÉVÉNEMENS QUI SE SONT PASSES A REIMS, depuis Jules-César jusqu'à Louis XVI inclusivement, ou Histoire de Reims considérée dans ses rapports avec l'Histoire de France, suivie de notes qui complètent le tableau de cette ville; par M Camus-Daras. *Deuxième édition* revue et augmentée. Un vol in-8° Prix : 10 fr.

THÉORIE DES SIGNES, par l'abbé Sicard. Deux volumes in 8 10 fr.

TRAITÉ DE L'ART DE FAIRE DES ARMES, par Lafougère. Un vol. in 8. 10 [illegible]

ABRÉGÉ DES TROIS SIÈCLES DE LA LITTÉRATURE FRANÇAISE, par SABATIER DE CASTRES 1 vol. in-12. 3 fr.

— **DU COURS DE LITTÉRATURE DE LAHARPE**, par PERRIN. *Deuxième edition*. Deux volumes in-12. 7 fr.

AVENTURES DE ROBINSON CRUSOÉ. Quatre vol. in-18 6 fr.

AME (L') CONTEMPLANT LES GRANDEURS DE DIEU, in-12. 2 fr. 50 c.

AME (L') AFFERMIE DANS LA FOI, et prémunie contre la séduction de l'erreur. 1 vol. in-12. 2 fr. 50 c.

AMÉLIE MANSFIELD, par madame COTTIN, 3 vol. in-18. 4 fr.

AVIS AUX PARENS sur la nouvelle méthode de l'enseignement mutuel, par G. C. HERPIN. 1 vol. in-12. 2 fr. 50 c.

BEAUX TRAITS DU JEUNE AGE, par FREVILLE. *Troisième édition* Un volume in 12. 3 fr.

BUFFON (LE NOUVEAU) DE LA JEUNESSE. *Quatrième edition*, 134 fig Quatre volumes in-18. 9 fr

CABARETS (LES) DE PARIS, ou l'Homme peint d'après nature ; petits tableaux de mœurs, philosophiques, galans, comiques, etc. Un volume in-18, orné de 4 gravures. 1 fr. 50 c.

CATÉCHISME HISTORIQUE de FLEURY, 1 vol. 50 c.

CATÉCHISME HISTORIQUE, contenant en abrégé l'Histoire sainte et la doctrine chrétienne; par FLEURY, 1 vol. in-12. 2 fr.

CÆSARIS COMMENTARII, ad usum collegiorum, 1 vol. in-18. 1 fr. 40 c.

CÉVENOL (le vieux), par RABAUT SAINT-ETIENNE, 1 vol. in-18. 3 fr

CHARLES ET EUGÉNIE, ou la Bénédiction paternelle; par madame DE RENNEVILLE. Deux volumes in-18. 3 fr.

CICERONIS ORATOR, in-18. 75 c.

CICERO in Verrem, de signis, in-12. 60 c.

COLLECTION MAÇONNIQUE, 6 vol. in-18, fig. 6 fr.

COMMENTAIRES DE CÉSAR (LES), nouvelle édition retouchée avec soin ; par M. de WAILLY. Deux vol. in-12. 6 fr.

CONDUITE POUR L'AVENT, par AVRILLON, 1 vol. in-12, édit. stéréotype d'Herhan. 2 fr. 50 c.

CONDUITE POUR LA PENTECOTE, par AVRILLON, 1 vol. 2 fr. 50 c.

CONDUITE POUR LE CARÊME, par AVRILLON, édition stéréotype d'Herhan, 1 vol. in-12. 2 fr. 50 c.

CORNELII NEPOTIS Vitæ excellentium imperatorum, 1 vol. in-18. 1 fr.

CORRESPONDANCE DE PROSPER ET DE JULIETTE, pour faire suite aux Etrennes d'une mère ; par madame de V***. 2 vol. 18 ornés de 8 jolies figures. Paris. 3 fr.

DICTIONNAIRE (NOUVEAU) DE POCHE FRANÇAIS-ANGLAIS ET ANGLAIS-FRANÇAIS, par M. NUGENT. *Dix-huitième édition*, revue par M. FAIN, 2 vol. in-16.

JEUNES (LES) PERSONNES, nouvelles, par madame DE RENNEVILLE. *Deuxième édition*. Deux volumes in-12, ornés de fig. 8 fr.

JUSTINI HISTORIARUM ex trogo Pompeio Libri XLIV, in-18. 1 f. 50 c.

JEUNESSE DE FLORIAN, 1 vol. in-18. 1 f. 50 c.

JULII CÆSARIS COMMENTARII, 1 vol. in-18. 1 f. 50 c.

LETTRES DE MESDAMES DE COULANGES ET DE NINON DE L'ENCLOS, suivies de la Coquette vengée, 1 vol. in-12. 2 f. 50 c.

LETTRES DE MESDAMES DE VILLARS, DE LA FAYETTE ET TENCIN, 1 vol. in-12. 2 f. 50 c.

LETTRES DE MADEMOISELLE AISSÉ, accompagnées d'une notice biographique et de notes explicatives, 1 vol. in-12. 2 f. 50 c.

LETTRES A ÉMILIE SUR LA MYTHOLOGIE, par DEMOUSTIER, 2 vol. in-12. 5 f.

LETTRES PERSANES, par MONTESQUIEU. Nouvelle édition. Un vol. in-12. 3 fr.

LETTRES DE J. MULLER à ses amis, MM. Bonstetten et Gleim, précédées de la vie et du testament de l'auteur, in-8. 6 fr.

MAGASIN DES ENFANS, 4 vol. in-18 4 f.

MALVINA, par Mme COTTIN, 3 vol. in-18. 4 f.

MANUEL DU COMMERÇANT SUR LA PLACE DE PARIS, 1 vol. in-18 1 f.

MÉMOIRES DE GRAMMONT, par HAMILTON. Deux vol. in-32, figures. 3 fr.

MÉLANGES DE FLORIAN, 3 vol. in-18. 4 f. 50 c.

MÉMOIRES DU CARDINAL DE RETZ, DE GUY-JOLY ET DE LA DUCHESSE DE NEMOURS. Nouvelle édition. Six vol. in-8 avec portrait. 36 f.

MOIS (LE) DE MARIE, 1 vol. in-32. 40 c.

MORALE (LA) EN ACTION, Un gros vol. in-12. 2 fr. 50 c.

MORCEAUX CHOISIES DE BOURDALOUE, par ROLLAND, 1 vol. in-18, portrait 1 f. 80 c.

MORCEAUX CHOISIS DE FLÉCHIER, par ROLLAND, 1 vol. in-18, portrait. 1 f. 80 c.

MORCEAUX CHOISIS DE FLEURY, par ROLLAND: 1 vol. in-18, portrait. 1 f. 80 c.

NOVUM TESTAMENTUM, 1 vol. in-18 de près de 700 pages. 2 f. 50 c.

ŒUVRES DE CHAMPFORT, 5 vol. in-8. 30 f.

— DRAMATIQUES DE DESTOUCHES, nouvelle édition, précédée d'une notice sur la vie et les ouvrages de cet auteur. Six vol. in-8, ornés de figures. 36 f.

ARITMÉTIQUE ÉLÉMENTAIRE THÉORIQUE ET PRATIQUE, par Jouanno. Un vol. in 8 3 fr. 50 c.

COURS D'HISTOIRE DE LA PHILOSOPHIE, par M. V. Cousin. Trois forts vol in-8, comprenant :

Introduction générale à l'Histoire de la Philosophie. Un fort vol. in-8, avec portrait. Cours de 1828. 11 fr.

Histoire de la Philosophie au 18e siècle. Première partie. Cours de 1829. Deux vol. 18 fr.

COURS DE LITTERATURE FRANÇAISE, par M. Villemain. Deuxieme partie. Cours de 1828. Un très-fort volume in-8. Portrait. 11 fr.

Troisième et quatrième parties. Cours de 1829 Deux volumes in-8. 18 fr.

COURS D'HISTOIRE MODERNE, par M. Guizot, comprenant :

Histoire de la Civilisation en Europe, depuis la chute de l'Empire romain jusqu'a la Revolution française. 1828. Un fort vol in 8 Portrait. 11 fr.

Histoire de la Civilisation en France, depuis la chute de l'empire romain jusqu'en 1789 Première époque, jusqu'au 10e siécle. Cours de 1829. Trois vol in-8. 27 fr.

COURS DE CHIMIE GÉNÉRALE, par M. Laugier. Trois forts vol. in-8, avec un bel atlas de planches et de tables. 24 fr.

CHIMIE APPLIQUÉE A LA TEINTURE, en 30 leçons, par Chevreul. Deux tres forts volumes in-8, avec planches 24 fr.

LÉGISLATION GÉNÉRALE DE LA FRANCE, par le baron Locré. In 8. Il y a 22 vol. parus. Le prix de chaque volume est de 7 fr.

NOUVEAU RÉPERTOIRE DE JURISPRUDENCE de Syriès. Un vol. in-8 7 fr.

PRÉCIS HISTORIQUE DE LA MAISON D'ORLÉANS, avec notes, tables et tableau. Un vol in-8, orné d'un très-beau portrait. 5 fr.

PRÉCIS DES RECHERCHES HISTORIQUES SUR LES SLAVES. Un vol. in-4. 9 fr.

CARACTERES DE LA BRUYÈRE. Deux vol. in-18 5 fr.

ESSAI SUR LES FIEVRES RÉMITTENTES ET INTERMITTENTES des pays marécageux temperés, par F. Nepple Un vol. in-8 4 f. 50 c.

ILE (L') DES FÉES, ou la bonne Perruche, contes moraux à l'usage de la jeunesse, par Mlle Vanhove. Deux vol. in-18, ornés de 8 jolies figures. 3 fr.

LA STÉNOGRAPHIE, ou l'Art d'écrire aussi vite que la parole; méthode simplifiée, d'après les systèmes des meilleurs auteurs

ısons et des Reptiles.

- DU LAYETIER ET DE L'EMBALLEUR.

- DU MAITRE DE FORGES.

- COMPLÉMENTAIRE DE MÉCANIQUE, ou Mécanique sique, comprenant *les frottemens*, *les adhésions*, *les en*nages; la théorie des *lignes*, *surfaces et corps élastiques* et ·ans; la resistance des solides et des fluides; l'équilibre et le avement des fluides pondérables et impondérés.

- DU MOULEUR EN PLATRE

- DU MAÇON, PLATRIER, PAVEUR, CARRELEUR, COUEUR.

- DE MUSIQUE VOCALE ET INSTRUMENTALE, par Choron.

- DE MNÉMONIE.

- DE L'ART MILITAIRE, par M VERGNAUD.

- DE METALLURGIE.

- DU NEGOCIANT, DU BANQUIER ET DE L'AGENT DE NGE, par M Peuchet.

- DE L'OPTICIEN.

- DU FABRICANT DE PRODUITS CHIMIQUES.

- DE PHARMACIE POPULAIRE.

- DU PEINTRE ET DU SCULPTEUR, par M. ARSENNE.

- DU FABRICANT DE PAPIERS.

- DU FABRICANT DE PAPIERS PEINTS.

- DE PHILOSOPHIE.

- COMPLET DES SORCIERS, ou la Magie blanche dévoilée.

- DU TAILLEUR.

- DU TAPISSIER.

- DU TENEUR DE LIVRES.

- DU TONNELIER, BOISSELIER.

- DU TRÉFILEUR.

DUBREUIL. Un vol in-12 *Troisième*

— SUR LA MINIATURE par MAN

MANUEL DES JUSTICES DE PAI des attributions des Juges de paix, attachés à leur tribunal, avec les form *actes qui dépendent de leur minister* cueil chronologique des lois, des dé roi, et des circulaires et instructions un extrait des cinq Codes, contenant la compétence des justices de paix; jurisconsulte. *Huitième edition*, *entière* DONNEAU Un gros vol in 8.

— DU LIBRAIRE, du Biblioth lettres Un vol in-18

— DE LITTÉRATURE A L'USA *contenant un precis de rhetorique*, tion française, la définition de tou compositions en prose et en vers, a prosateurs et des poetes les plus cel l'art de lire a haute voix, par M. VIGÉ ar madame d'HAUTPOUL. Un vol in

— COMPLET DES MAIRES, ET DES COMMISSAIRES DE POL alphabetique, le texte ou l'analyse de mens et instructions ministérielles, celles des membres des conseils muni darmerie, des bureaux de bienfaisan pices, etc, avec les formules des act M. Ch. DUMONT, ancien chef de div tice. *Huitième edition*, corrigée e Deux vol. in-8.

œurs et leurs usages ; par M. Bosc. Trois vol. ornés de planches. ix : fig. noires, 9 fr., et fig. coloriées, 13 fr. 50 c.

— **NATURELLE DES CRUSTACÉES**, contenant leur description, leurs mœurs et leurs usages ; par M. Bosc. Deux vol. ornés planches. Prix : 6 fr., et fig. coloriées, 9 fr.

— **NATURELLE DES VÉGÉTAUX**, classés par famille, ec la citation de la classe et de l'ordre de Linnée, et l'indication l'usage qu'on peut faire des plantes dans les arts, le commerce, griculture, le jardinage, la médecine, etc., des figures dessinées après nature, et un GENERA complet, selon le système de Linnée, avec des renvois aux familles naturelles de Jussieu (15 volumes), par J. B. LAMARCK, membre de l'Institut, professeur au useum d'Histoire naturelle, et par C. F. B. MIRBEL, membre la Société des sciences, lettres et arts de Paris, professeur de tanique à l'Athénée de Paris. Édition ornée de 120 planches représentant plus de 1 600 sujets. 45 fr.

Avec figures coloriées, 67 fr. 50 c.

s différentes parties se vendent séparément, et peuvent compléter toute autre édition de Buffon. Les personnes qui prendront en même temps les 80 volumes, paieront chacun d'eux à raison de 2 fr. 50 c., figures noires, et 4 fr. coloriées.

ANNUAIRE DU BON JARDINIER ET DE L'AGRONOME pour 29, renfermant la description et la culture de toutes les plantes les ou d'agrément qui ont paru pour la première fois en 1828 ; ntenant en outre les nouvelles d'horticulture, des considérations

Deux jo is volumes in-18, ornés d

BARÊME (LE) PORTATIF CONSTRUCTIONS ET DES OUV rif de la conversion des pieds en t décimètres et centimètres carrés mètres carrés en toises, pieds, p M. BARBIER. Un vol. in-24.

BEAUTÉS (LES) DE LA NATU plantes, cataractes, fontaines, vol plus extraordinaires et les plus a *les quatre parties du monde*, par de six gravures.

BOTANIQUE (LA) DE J.-J. qu'il a écrit sur cette science, au thode de Tournefort et de Linnée tanique et de notes historiques ; *tion*. Un gros volume orné de 8

CALLIPÉDIE (LA), ou la Ma trait du poëme de Quillet. Broch

CHIENS (LES) CÉLÈBRES. traits nouveaux et curieux sur l' la reconnaissance et la fidélité d Un gros volume in-12, orné de

CHOIX (NOUVEAU) D'ANE DERNES, tirées des meilleu les plus intéressans de l'histo héros, traits d'esprit, saillies in suivi d'un précis sur la Révol *Cinquième édition*, revue, cor CELNART. 4 vol. in-18, ornés d

CODE DES MAITRES DE DE DILIGENCE ET DE ROULA

Ouvrages qui se trouvent chez ROBET, *libraire.*

ÉPILEPSIE (DE L') EN GÉNÉRAL, et particulièrement de celle qui est déterminée par des causes morales; par M. Doussin-Dubreuil; 1 vol. in-12, deuxième édition, 1825. 3 fr.

LETTRES SUR LES DANGERS DE L'ONANISME, et conseils relatifs au traitement des maladies qui en résultent, par Doussin-Dubreuil; 1 vol. in-12, 1813. 1 fr. 50 c.

GUIDE (NOUVEAU) DE LA POLITESSE, ouvrage critique et moral, par Emeric, seconde édition, 1 vol. in-8°, 1822. 5 fr.

MANUEL DU LIMONADIER, DU CONFISEUR ET DU DISTILLATEUR, contenant les meilleurs procédés pour préparer le café, le chocolat, le punch, les glaces, boissons rafraichissantes, etc., etc.; par M. Cardelli; un gros vol. in-18, troisième édition, 1823. 2 fr. 50 c.

MANUEL THÉORIQUE ET PRATIQUE DES GARDES-MALADES et des personnes qui veulent se soigner elles-mêmes, ou l'Ami de la santé; contenant un exposé clair et précis des soins à donner aux malades de tous genres; par Morin; un gros vol. in-18, 1824. 2 fr. 50 c.

MANUEL THÉORIQUE ET PRATIQUE DU PEINTRE EN BATIMENS, DU DOREUR ET DU VERNISSEUR; ouvrage utile tant à ceux qui exercent ces arts qu'aux fabricans de couleurs et à toutes les personnes qui voudraient décorer elles-mêmes leurs habitations, leurs appartemens, etc.; par M. Riffault; un vol. in-18, 1824. 2 fr. 50 c.

PARIS, IMPRIMERIE DE COSSON, RUE GARANCIÈRE, N° 5.

dont l'usage reviendra indubitablement, n'est presque plus employée aujourd'hui. A cette exception près, ses produits sont toujours recherchés.

En effet, la nomenclature des différens objets entrant dans son commerce (qui enserre les productions de la nature des quatre parties du monde) est encore infinie; et, sans les poudres qui peuvent couvrir la tête, il en est d'autres dont la vente n'a pas faibli, et qui sont toujours consommées par autant d'acheteurs.

S'il est exercé par moins de personnes que tant d'autres états, ce n'est pas que ses produits soient moindres; au contraire, ils sont très-lucratifs; mais c'est qu'il demande plus de vrai talent, plus de goût, plus de discernement et plus de science. Il est sous tous ces rapports un véritable art.

J'ai tâché, dans ce Manuel, de rendre facile la confection des poudres, pommades, essences, huiles et eaux odorantes, pour diminuer les travaux minutieux, et procurer

de matières, et cause un dommage réel au fabricant.

Les essences, les eaux, les vinaigres sanitaires, ont fixé mon attention, en ce que cette partie intéresse toute la société et prévient des accidens qui souvent entraînent avec eux des résultats dont on se ressent long-temps, je dirais presque toute la vie.

Je me suis abstenue conséquemment d'indiquer la manière de faire des eaux, des pâtes, etc., etc., pour ôter les boutons, les lentilles, les feux volages, etc., étant convaincue que toutes ces recettes surannées sont nuisibles; qu'il entre même dans les matières qui les composent des choses plus malfaisantes qu'utiles, et qui laissent après elles des odeurs désagréables, telles que les jus d'oignons, les aulx, etc.

J'ai conseillé de fabriquer des sachets (dont j'ai donné la recette) pour parfumer les bains, afin d'éviter que les plantes odorantes, vertes ou sèches, que l'on y introduisait il y a trente ans, ne répandissent un

lutaires, pour conserver la fraîcheur de la peau, des dents, etc.; j'ai indiqué des eaux pour diminuer les odeurs désagréables de la bouche et du nez, de celles provenant des sueurs, soit sous les bras, soit aux pieds.

Dans beaucoup d'articles que j'ai traités, je n'ai donné que le fruit de mes expériences confirmées depuis bien des années, et je suis certaine que les parfumeurs qui suivront strictement mes préceptes n'essuieront aucuns reproches, soit sous le rapport des agrémens, soit sous celui de l'utilité.

Je me suis permis de donner la recette d'un vinaigre anti-putride et curatif, dont je fais usage depuis plus de vingt ans : j'ai obtenu avec ce vinaigre des avantages que je n'oserais faire connaître, dans la crainte qu'on ne m'accusât d'exagération, mais dont le récit serait cependant la vérité pure.

Je désire avoir rempli le but que je me suis proposé en composant cet ouvrage, celui d'être utile aux parfumeurs, agréable aux consommateurs, et de donner aux person-

même de faire ses emplettes chez lui, parce que l'économie qu'elle y trouvera lui donnera la facilité de se procurer d'autres jouissances dont elle est forcée quelquefois de s'imposer la privation, ne pouvant satisfaire tous ses goûts.

Quant à la mère de famille qui aura le désir de procurer à son époux et à ses enfans des jouissances, que souvent elle redoute d'introduire chez elle, vu l'énormité du prix, et qui est cependant forcée par état de se trouver en société avec des personnes qui tiennent à ces petits agrémens, elle pourra aller de pair avec elles.

C'est d'après ces réflexions que je me suis déterminée à offrir aux parfumeurs le résultat de mes expériences.

l'hiver, parce qu'il consommera beaucoup moins de graisse que l'été.

Il est plus avantageux de ne se servir que de la gaisse de bœuf, bien fraîche, bien épurée, et non amalgamée avec de la graisse de mouton, surtout si on la confectionne l'été, cette dernière étant susceptible de prendre une odeur rance, fétide, qu'elle communique facilement, et qui exigerait une bien plus grande consommation d'essences (lesquelles essences le parfumeur doit fabriquer lui-même) pour lui ôter sa mauvaise odeur.

Il est aussi plus avantageux pour le parfumeur de ne se servir que de l'essence extraite des fleurs et plantes odorantes pour la manipulation de ses pommades; il a alors beaucoup moins de travail que s'il faisait ses pommades et qu'il amalgamât les fleurs de rose, de tubéreuse, de thym, de lavande, etc.; cela occasione nécessairement une perte dans la graisse et donne moins d'odeur à la pommade, en ce que l'humidité des fleurs pétries avec la graisse altère l'odeur. Cela n'arrive point quand on en a tiré l'essence; et ce qui est encore avantageux, c'est que les essences se conservent très-long-temps et permettent de confectionner des pom-

qui la contient, une couche de rose ou de tubéreuse, etc., et il faut faire le même travail l'espace de cinq à six jours.

Quel emploi de temps! quelle perte de graisse, de fleurs, de combustibles! tandis qu'en ayant exprimé l'essence des fleurs, l'on pourra, dans toutes les saisons, confectionner des pommades qui procureront les mêmes avantages, et qui coûteront moins de peine au fabricant, qui, je le répète, pourra en confectionner en tout temps et ne jamais en manquer.

Il est donc démontré, d'après ces observations, que le fabricant aura moins de travaux exigibles qu'en suivant l'ancienne méthode, moins de risques à courir pour la conservation, et plus de bénéfice, en extrayant l'essence des fleurs et plantes aromatiques dans les saisons où elles ornent les jardins, que de se servir des feuilles de ces mêmes fleurs et plantes pour fondre avec les graisses, soit de bœuf ou de mouton, et que de fabriquer les pommades l'été, où les graisses sont moins fraîches, et où la consommation de ces graisses est plus considérable.

Je mets en fait que de les fabriquer en automne, où la chaleur est tempérée, et

essences peuvent s'altérer, et conséquemment que les pommades seront moins suaves ; ce serait pour le moins un sophisme.

Lorsque les fleurs sont bien épanouies, que deux ou trois jours d'un beau soleil leur ont donné la vie, il faut s'en procurer et en extraire l'essence le plus promptement possible ; avoir même la précaution, si l'année est chaude et sèche, d'en faire une plus grande quantité, afin de se prémunir contre une saison ou pluvieuse ou froide, qui ne leur procurerait pas autant de parfum.

Les essences bien confectionnées se conservent, lorsqu'on a le soin de les mettre dans un lieu sec et à l'abri des mauvaises émanations, au moins deux ou trois ans ; elles acquièrent même, comme tous les spiritueux, beaucoup plus de force.

Il est à peu près inutile d'indiquer au parfumeur la quantité de graisse qu'il doit employer pour les pommades : cela dépend du débit. Néanmoins, comme il est de son avantage d'en avoir plus que moins, en les confectionnant surtout avec des essences qui ne comportent point autant d'humidité que les feuilles des fleurs, il évite l'emploi au moins double du combustible.

y a des personnes qui tiennent aux anciennes habitudes ; mais il n'en doit avoir qu'une très-petite quantité.

Je vais lui donner la manière la plus économique de fabriquer cette pommade. Quant aux pommades pour le teint, je lui indiquerai une liqueur beaucoup plus efficace, et dont les résultats avantageux sont constatés depuis vingt ans ; les autres pommades en usage seront traitées séparément.

Pour faire de la pommade pour les lèvres, on prend de la cire vierge de la meilleure qualité, on la fait fondre au bain-marie, on y ajoute de la pommade à la rose, de l'huile d'amande douce, ou de l'essence.

Lorsqu'elle est bien fondue, vous y mettez du carmin, et vous étendez votre pommade sur une planche bien unie, ou mieux encore sur une pierre : il faut la broyer avec attention, le carmin étant susceptible de se rouler.

Quant à la pommade *noire*, l'usage établi, depuis long-temps, de porter des perruques rendrait peut-être inutile de l'annoncer chez un parfumeur. Les femmes qui font ces acquisitions pour cacher les cheveux blancs ou les cheveux rouges ne voudraient pas

de recommencer les infusions et d'ajouter une plus grande quantité des fleurs ou feuilles que l'on emploie.

Ce Manuel pouvant servir de guide aux parfumeurs qui habitent les départemens, comme à ceux de la capitale, et les premiers n'étant pas tous *voisins de rivières*, j'ai pensé qu'il était nécessaire de leur indiquer celles qui ne sont point propres à confectionner des eaux odorantes : de ce nombre sont les eaux des puits construits près des puisards.

L'on reconnaît toutes les eaux, par la vue, l'odorat, et même par le goût.

Celles de puits et de source qui n'auront aucune odeur doivent s'employer de préférence à celle *de pluie*, qui est toujours remplie d'émanations fortes, en ce que, tombant de la moyenne région, elle purge l'air des corps hétérogènes qui y étaient suspendus.

Pour éviter les inconvéniens des eaux de puits, de source, même de pluie, avant de les employer à la confection des eaux odorantes, il faudra mettre le vase qui contiendra l'une ou l'autre dans un chaudron sur le feu, en ajoutant une poignée de sel gris, la laisser assez de temps, sans la remuer, pour qu'elle blanchisse au faîte du vase, en suite

TITRE II.

De la fabrication des Eaux odorantes, telles que Eaux de Lavande, de Thym, Tubéreuse, Œillet, Violette, Fleurs d'oranger, Jonquille, de Canelle, de Rose, de Girofle, etc.

CHAPITRE Ier.

Eau de Lavande distillée.

Les eaux odorantes sont plus sensuelles lorsqu'elles sont distillées que faites seulement en infusion. Cette dernière manière, absolument parlant, est agréable, mais elle perd avec le temps son odeur, et elle finit même par être insipide et désagréable.

L'eau-de-vie de lavande jouit d'une grande réputation pour la toilette, pour chasser le mauvais air. Elle répand une odeur douce qui la fait pour ainsi dire préférer à beaucoup d'eaux odorantes, en

Il est important pour un parfumeur de reconnaître la falsification des huiles pour le cas où il en manquerait, et serait forcé d'avoir recours aux fabricans du Languedoc, dont quelques-uns (en petit nombre, heureusement) usent de cette fraude. Leur vente détruirait la réputation du parfumeur.

Il est donc essentiel, je le répète, si son débit a été assez considérable pour qu'il se trouve dépourvu de ces huiles, qu'il connaisse la manière de les éprouver; mais il est encore plus prudent qu'il en fabrique assez pour n'être pas forcé d'avoir recours à d'autres.

Les fleurs de lavande rendent beaucoup d'huile essentielle d'une bonne odeur; pour avoir de l'*esprit* de lavande très-agréable, il faut mêler de l'huile essentielle de cette plante très-rectifiée et nouvellement distillée avec de l'esprit de vin.

CHAPITRE II.

Eau de Girofle et de Vanille mêlées, et Essences.

Pour composer cette eau mêlée, vous prenez vingt grains de girofle, et deux bâ-

CHAPITRE IV.

Huile de Girofle.

Le clou de girofle donne par expression une huile roussâtre très-odorante.

Dans la distillation, il en sort beaucoup d'huile essentielle aromatique. Cette huile est d'abord légère et d'un jaune clair, ensuite roussâtre, qui va au fond de l'eau.

L'huile de girofle en usage chez lés parfumeurs est très-agréable dans les pommades et aussi pour parfumer les sachets appelés *Mille Fleurs*.

Elle coopère à la conservation des odeurs des fleurs avec lesquelles on l'amalgame ; elle est excellente pour apaiser le mal de dents : il suffit d'en imbiber un peu de coton et de l'appliquer sur la dent pour faire cesser la douleur.

CHAPITRE V.

Huile et Eau de Cannelle.

Lorsque la cannelle est fraîche (autant que le trajet qu'on lui fait faire le permet), elle donne plus de trois gros d'huile essentielle par livre, mais beaucoup moins lorsqu'elle est vieille.

Les pommades, les eaux d'odeurs doivent, comme je l'ai conseillé, être confectionnées avec l'essence afin de se procurer l'avantage de renouveler les provisions lorsqu'elles seront à peu près consommées.

Je ne cesserai de leur répéter qu'avec des essences ils fabriqueront dans toutes les saisons des pommades, des odeurs, des huiles; ils embaumeront leurs pâtes d'amande et pourront satisfaire tous les goûts. (*Voyez* au titre IV, chap. XXII, *Eau et Essence de Rose.*)

CHAPITRE VII.

Huile de Lis.

Il y a plusieurs espèces de lis, savoir : le lis rouge, le lis orangé, le lis asphodèle jaune, le lis de Notre-Dame, le lis blanc à fleurs simples et le lis blanc à fleurs doubles.

Ce dernier est inférieur, en ce que ses fleurs ne sont qu'à demi formées; tandis que celles du lis simple, pompant davantage les émanations du soleil, a une odeur suave et parfaite.

L'huile obtenue avec les fleurs du lis simple doit être confectionnée quelques jours après sa floraison, alors son arome est exquis.

bonne odeur. L'expérience a démontré qu'elle est souveraine pour maintenir la peau fraîche, raffermir les chairs, les parfumer et resserrer.

Le myrte à feuilles panachées donne beaucoup moins d'odeur que le myrte simple des jardins. On est cependant forcé quelquefois de se servir de la fleur du myrte nommé romain, et de celle du grand myrte à fleurs doubles. Ces deux espèces supportent le mieux la température de la France ; néanmoins, si l'on y est contraint, il faut préférer le grand myrte à fleurs doubles.

CHAPITRE IX.

Eau de Musc.

Le musc nous vient des Indes orientales ; on le trouve dans le commerce ou séparé de son enveloppe ou renfermé dedans. Il est susceptible d'être falsifié par les Indiens.

Le musc qui est sans enveloppe doit être sec, d'une odeur très-forte, d'une couleur tannée, d'un goût amer.

L'enveloppe qui contient le musc doit être couverte d'un poil brun. Lorsque le poil est blanc, cela indique que c'est du musc de Bengale, qui est inférieur en qualité à celui de Tonkin.

lards; extérieurement, elle soulage des douleurs de goutte.

Son huile essentielle est bonne pour apaiser le mal de dents : il suffit d'en imbiber un peu de coton qu'on introduit dans le trou de la dent malade.

CHAPITRE XI.

Eau de Fleurs d'oranger.

Elle se fait par la distillation.

Il ne faut cueillir les fleurs d'oranger qu'après que le soleil les a échauffées, et surtout éviter de faire cette cueille par un temps pluvieux, ce qui occasionerait pour la confection de l'eau une dépense au moins du double en raison de la perte de l'arome.

Il est essentiel d'éplucher les fleurs avec attention, pour éviter de mettre avec ces fleurs le cœur, qui a beaucoup moins d'odeur, et qui, si on les mêlait ensemble, absorberait celle de la feuille et en exigerait une plus forte dose.

Les cœurs, néanmoins, doivent être conservés, et, lorsqu'on les a fait sécher, pulvérisés, et passés au tamis; la poudre qui en résulte sert à mêler dans les poudres et

J'en parlerai à l'article *Poudres et Parfums*. On tire aussi de la fleur bleue de l'iris une espèce de fécule verte qu'on appelle *vert d'iris*. On s'en sert pour teindre les papiers.

CHAPITRE XIII.

Eeau de Lavande du Languedoc.

La lavande des jardins est la seule que les parfumeurs doivent employer. Les autres espèces appartiennent à la pharmacie.

On apporte à Paris de l'huile distillée qui vient du Languedoc et de la Provence ; mais elle est souvent falsifiée et mêlée avec de l'esprit de vin ou de l'huile de térébenthine. On découvre aisément les falsifications.

Pour y parvenir, on jette dans de l'eau celle que l'on soupçonne d'être mêlée avec de l'esprit de vin ; l'esprit se mêle parfaitement avec l'eau, et l'huile surnage.

Pour connaître celle qui est mêlée avec l'huile de térébenthine ou quelque autre huile, il faut en brûler un peu dans une cuiller de métal. Si elle est pure, elle donne une flamme subtile, une fumée d'une

susceptible de se flétrir que la violette et la fleur d'oranger. L'eau s'en fait de la même manière que celle de ces deux fleurs. Elle ne conserve cependant point son odeur aussi long-temps.

Lorsqu'elle commence à se détériorer, vous y mettez un peu d'essence de jasmin ; et si vous voulez confectionner de la pommade avec cette essence, vous la colorez légèrement avec un peu de teinture de *terra merita*.

Voyez *Huile de Jonquille*, ch. 21 du tit. 9.

CHAPITRE XVI.

Eau de Jacinthe.

Il faut suivre les mêmes erremens que pour les violettes et les jonquilles : vous aurez soin cependant, si vous voulez la conserver jusqu'à la nouvelle récolte des fleurs, d'y mêler un peu d'essence d'ambre ou de musc.

CHAPITRE XVII.

Eau de la Reine de Hongrie.

Cette eau se compose d'essences de romarin, de fleur d'oranger, de jasmin, de violette, d'épine-vinette et de rose musquée.

mi-once d'encens, autant de benjoin et de gomme arabique, un quart d'once de girofle et de muscade, trois quarts d'once de pignon, d'amandes douces, un grain d'ambre et un grain de musc. L'on pile tous ces objets, et on les fait infuser deux ou trois jours, en ayant le soin de les remuer souvent, en y ajoutant plus d'un demi-setier d'eau de rose.

L'on procède ensuite à la distillation pour en tirer une pinte. Si on la trouvait trop spiritueuse, on la couperait avec de l'eau bien pure.

Cette eau a l'avantage d'empêcher la mauvaise odeur de la bouche, même de blanchir les dents et de rafraîchir les gencives.

L'on pourrait aussi, en s'en servant plusieurs jours, effacer les rides du visage, et rendre la peau plus belle.

CHAPITRE XIX.

Eau de Cubèbes ou Cubeba.

Plusieurs savans prétendent que les cubèbes sont des fruits très-anciennement con-

que c'est une erreur, et qu'on ne doit pas croire à cette allégation.

CHAPITRE XX.

Eau de Bluet.

Le bluët, qui croît communément dans les blés, est une plante très-connue. On lui donne les noms de *barbeau*, d'*aubifoin*, de *blavéole*, de *casse-lunette*.

Cette plante est aussi cultivée dans les jardins, où elle devient double par la culture. L'on en obtient par le semence beaucoup de variétés ; il y en a à fleurs blanches, couleur de chair, purpurines, panachées, etc., qui sont fort agréables à la vue par leur élégance. Mais, ce qui est essentiel, c'est qu'on retire de ces fleurs, par la distillation, une eau qui dissipe la rougeur et l'inflammation des yeux.

Sous ce rapport elle marche l'égale de l'eau de plantin, si même elle n'obtient pas la supériorité sur elle.

Par cette propriété, l'eau de bluet devient une eau pour la parure, qui la fait entrer

Un négociant doit calculer tout pour améliorer son commerce. Je dois donc m'abstenir de lui indiquer des recettes qui lui seraient préjudiciables.

---

de faire un constant usage de ces pommades inventées par la cupidité, et qui un instant ont flatté des femmes avant qu'elles eussent la conviction que ces recettes ont plus nui qu'elles n'ont servi à la conservation de leur fraîcheur.

CHAPITRE Ier.

Pommade à la Rose.

On met sur une livre de pommade déjà bien confectionnée et sans odeur quelconque une livre de feuilles de rose, que l'on pétrit bien avec la graisse. Le tout étant bien mélangé, l'on fait fondre cette pommade, et on la tient en fusion pendant deux jours, en ayant soin de la remuer plusieurs fois dans cet espace de temps.

Lorsqu'elle est refroidie, vous faites fondre de nouveau votre pommade, mais au bain-marie, afin de retirer vos fleurs en les passant dans un linge pour en exprimer la graisse; ensuite vous enveloppez ces fleurs dans un canevas pour les mettre sous presse à l'effet d'en exprimer l'odeur et la graisse.

CHAPITRE III.

Pommade au Jasmin.

Elle se fait de la même manière que la précédente ; néanmoins, si l'on veut la rendre encore plus agréable, il faut y mêler un peu d'essence de violette.

Le parfumeur qui aura eu le bon esprit de faire des essences de toutes les fleurs, à l'instant où elles embellissaient les jardins, pourra fabriquer des pommades toute l'année, et sans être forcé d'en faire une trop grande quantité à la fois, la position de son local lui commandant peut-être beaucoup de précautions pour qu'aucune émanation malfaisante ne les altère.

CHAPITRE IV.

Pommade à l'Œillet

L'on épluche les œillets avec la plus grande célérité possible, en évitant de laisser les feuilles s'amasser trop dans les mains, parce qu'elles perdent facilement leur odeur.

Une demi-livre d'essence exige au moins

satis aire a sensualité et augmenter conséquemment le débit.

CHAPITRE VI.

Pommade à la Digitale, ou Gants de Notre-Dame (1).

Cette pommade sera d'autant plus facile à confectionner que le parfumeur pourra se procurer aisément la plante qui la compose.

Cette plante croît sans culture, dans les lieux pierreux et sablonneux des environs de Paris.

Sa racine est fibreuse et amère, sa tige est haute de deux à trois pieds, ses feuilles sont presque semblables à celles du bouillon blanc.

Ce sont les fleurs de cette plante que l'on prend pour confectionner la pommade à *la digitale*. Elle est très-prompte à faire : l'on

(1) Gants de Notre-Dame, en latin *Digitalis*, est le nom qu'on donne à l'*ancolie*.—L'ancolie est une fleur bleue, blanche, panachée, ou qui tire sur la couleur de chair. Elle fleurit en mai ; elle est d'une saveur douce,

Lorsque cette pommade est bien mélangée, on la fait fondre de nouveau au bain-marie, on la passe et on la laisse reposer pour la retirer à clair (à demi-froide). Ensuite on la parfume avec les essences les plus en vogue, en y ajoutant deux onces de baume du Pérou et de l'huile de cannelle.

CHAPITRE VIII.

Pommade au Concombre.

Cette pommade demande beaucoup plus de soins que toutes les autres, en ce que l'humidité de la matière qui la compose s'évapore difficilement, et qu'elle est susceptible de se corrompre si on la laisse exposée à la moindre odeur malfaisante.

Je préférerais pour la confection de cette pommade l'extrait ou sucre de concombre.

Il faut bien se garder d'employer de la panne; cette méthode est tombée en désuétude, en ce que cette graisse se corrompt facilement. Il faut prendre de la graisse de veau la plus fraîche possible.

L'on pile la graisse très-menue, et on la fait fondre avec quelques concombres.

de l'Italien *Frangipani*, qui inventa les parfums avec lesquels on les parfume.

Cet Italien n'avait imaginé ses parfums que pour les gants qu'on appelait alors *gants à la frangipane;* mais on crut bientôt qu'on pouvait transporter ce nom aux pommades, aux poudres, aux eaux, aux savonnettes, etc.

D'autres croient que cette dénomination vient plutôt *du frangipanier*, arbre d'Amérique, qui s'élève d'environ dix à douze pieds hors de terre, qui pousse de longues branches d'un pouce de diamètre et à peu près d'égale grosseur partout d'une extrémité à l'autre, dénuées de feuilles dans toute leur longueur, dont les feuilles ainsi que les fleurs viennent par gros bouquets aux extrémités des branches; en sorte que le reste de l'arbre paraît extrêmement nu. Ses fleurs ressemblent beaucoup à celles du jasmin, mais sont plus grandes, et ont une odeur très-suave. Pour peu qu'on écorche ou qu'on casse une branche, ou qu'on arrache soit une feuille, soit une fleur du *frangipanier*, il en découle aussitôt un lait abondant, épais, dont quelques habitans se servent pour guérir les vieux ulcères.

On distingue trois sortes de fleurs de *fran-*

on y ajoute des essences de fleurs d'oranger, de bergamotte, de jasmin, de girofle, de baume du Pérou; et, quand la pommade a pris la consistance nécessaire à sa conservation, on l'intitule, si l'on veut, pommade à la *frangipane*, ou pommade aux *différentes essences;* ou enfin, pour ceux qui aiment l'amalgame des odeurs, *pommade au pot-pourri.*

L'on est d'autant plus fondé à croire que c'est l'Italien *Frangipani*, et non le *frangipanier,* qui a donné son nom aux eaux, savonnettes, poudres et pommades faites *à la frangipane*, que ceux qui ont écrit sur l'art du parfumeur, à l'article *Pommade à la frangipane*, y font entrer nombre d'odeurs différentes, et ne parlent en aucune manière de l'eau odorante tirée de la fleur du frangipanier.

« Vous prenez, disent-ils, du corps (ou de » la graisse) préparé; lorsqu'il est fondu, » vous ajoutez de la pommade à la fleur d'o- » ranger, à la rose, à la cassie, au jasmin; » vous les faites fondre ensemble, puis vous » y versez de l'essence de vanille, de l'essence » de bergamotte, de l'essence de girofle, du » baume du Pérou, de l'essence d'ambre et de » musc (le tout dans des proportions déter- » minées).

qui est une sorte de *senteur* qui vient ordinairement du Nord, et qui se porte dans de petites boîtes.

Il y a le baume du grand Caire, de la Mecque, de Syrie, de Giléad, de Constantinople ou baume blanc.

C'est une résine liquide d'un blanc jaunâtre, d'un goût âcre, aromatique, et d'une odeur approchant de celle du citron.

Il y a le baume de Tolu, connu sous le nom de baume de l'Amérique, baume de Carthagène; c'est un suc résineux tirant sur la couleur d'or, d'une odeur qui approche de celle du benjoin, d'un goût doux et agréable, qui le fait différer essentiellement des autres baumes, qui ont une saveur âcre et amère.

Enfin, il y a le baume du Pérou, qui est celui dont on tire particulièrement les essences, qu'on fait entrer dans les compositions des pommades, des savonnettes, etc.

Le baumier du Pérou est un arbre de la hauteur du citronnier, et porte des feuilles qui ressemblent à celles de l'amandier. Son bois est rouge et odoriférant, comme celui du cèdre.

Il découle de son écorce, surtout après un

L'on remet cette graisse fondre au bain-marie; puis on la passe et l'on y ajoute des essences de rose et de jasmin en quantité suffisante.

Quand la pommade est bien pétrie et amalgamée avec les essences que je viens d'indiquer, vous la remettez au bain-marie, et y ajoutez encore six onces de baume du Pérou, deux gros d'essences de girofle, et autant de musc et d'ambre.

Ensuite vous remettez votre pommade au bain-marie; vous la remuez à mesure qu'elle se fond, afin de bien amalgamer les essences, en ayant soin d'en mettre une plus grande quantité de celle que vous voulez qui domine; autrement l'on n'aurait qu'un *pot-pourri*, quelquefois insipide.

CHAPITRE XI.

Pommade au Néroli.

L'on fait de la pommade au néroli de la même manière que celle que j'ai déjà décrite; mais j'ajouterai qu'il faut ôter de la fleur (1) le pistil, qui pompe trop de graisse et absorbe l'odeur de la feuille de la fleur.

---

(1) La fleur d'oranger.

s'en munir pour en confectionner des huiles et des essences. Il aura beaucoup plus de bénéfice que d'acheter aux marchands d'Italie des pommades *parsemées* des fleurs de cet arbre.

L'essence que le parfumeur doit préférer pour confectionner la pommade à la fleur de cassie, est celle de *violette*. Ces deux fleurs confondent facilement leur arome. Mêlées ensemble, elles répandent un parfum très-agréable.

CHAPITRE XIII.

Pommade au Benjoin.

Le benjoin qui nous est apporté par les Hollandais est une résine sèche, dure, inflammable, d'une odeur suave et pénétrante, surtout lorsqu'on la brûle.

Cette résine découle naturellement, ou par incision, d'un grand arbre appelé *belzof*, qui croît au royaume de Siam, et dans les îles de Java et de Sumatra.

Lorsque l'arbre qui donne le benjoin a cinq ou six ans, on lui fait des incisions à la couronne du tronc; c'est de là que découle

donne une teinture dont quelques gouttes jetées dans de l'eau la rendent trouble et laiteuse ; c'est pourquoi quelques personnes l'appellent *lait virginal*.

Les dames en font usage comme d'un cosmétique, c'est-à-dire d'un remède propre à embellir le teint et le tenir frais.

On doit préférer le benjoin ou la résine en larmes, dorées en dessus, blanches en dedans, mêlées de petites veines claires, d'une odeur suave et aromatique, que les ordures ne gâtent point.

Pour confectionner la pommade au benjoin, l'on prend (suivant la quantité que l'on en veut faire) de la graisse de bœuf ou de veau bien lavée, que l'on fait fondre au bain-marie (dans laquelle on avait mis du styrax), et l'on y mêle du benjoin en quantité dominante pour l'odeur.

On la laisse infuser, puis on la passe dans un linge, et on y verse du musc et de l'ambre.

Cette pommade ne peut manquer d'opérer l'effet que les dames attendent de ce cosmétique.

L'on distingue plusieurs sortes de narcisses : 1° Le narcisse de Constantinople ; 2° le grand narcisse des Indes ; 3° le narcisse rouge ; 4° le narcisse jaune ; 5° le narcisse d'Angleterre. — Il se trouve aussi dans les bois et dans les prairies une espèce de narcisse jaune qu'on appelle *aiau*.

Ce ne sont point ces diverses espèces que le parfumeur doit employer ; il faut qu'il prenne, ainsi que je viens de le dire, le narcisse simple, qui est le plus odorant, et qui conséquemment lui fournira plus d'essence. Il en peut tirer aussi bien que des jonquilles et des tubéreuses, qui ne sont, absolument parlant, que des narcisses.

Pour composer l'essence de narcisse, il faut avoir la précaution de faire cueillir les fleurs après que le soleil a pompé l'humidité de la nuit ; les éplucher avec soin, et ne pas laisser les feuilles de ces fleurs trop long-temps dans les mains, afin de ne pas altérer l'arome.

Lorsque l'essence sera confectionnée, l'on prendra la quantité de graisse de bœuf ou de veau dans la proportion qui conviendra, ces graisses se trouvant toute l'année, et la précaution du parfumeur de se munir

moyens auxquels on a recours, tels que l'huile de Macassar et autres.

La pommade à la graisse d'ours, dont l'utilité est généralement reconnue, rendrait le service que l'on recherche avec tant de soin.

Comme la graisse d'ours est extraordinairement grasse, on la mêle avec de la graisse de veau ou de bœuf. On les fait fondre ensemble; on les tire à clair, et, lorsqu'elle est reposée, on la passe dans un linge; puis on y ajoute telle essence que l'on veut.

CHAPITRE XVI.

Pommade à la Fleur de Lavande.

L'on peut fabriquer davantage de cette pommade, parce qu'elle exige moins de soin que les autres, et qu'elle se conserve plus long-temps.

J'ai indiqué la manière de préparer les fleurs pour confectionner l'essence de lavande; d'après cela le parfumeur peut aisément faire fondre au moins une quinzaine de livres de graisse, surtout de graisse de bœuf, et, lorsqu'elle sera bien épurée, la parfumer d'une quantité d'essence suffisante.

matière extractive des fleurs ; mais ils n'en garantissent point la conservation ; ils sont même contraints d'avouer que toutes ces préparations sont exigibles, pour éviter quelle ne se gâte.

N'est-il pas bien plus simple de la confectionner ainsi qu'il est dit ci-dessus pour les autres pommades ?

CHAPITRE XVII.

Pommade à la Citronnelle.

Elle est très-facile à faire.

On prend plusieurs écorces de citron ; il faut qu'ils soient bien mûrs ; vous évitez le plus qu'il est possible qu'elle ne s'impreigne du jus de citron en les épluchant, parce qu'elles seraient plus long-temps à se sécher. Vous coupez ces écorces par morceaux et les mettez dans une corbeille dans le four de votre poêle ; quand elles ont perdu toute leur humidité, vous les pilez dans un mortier et passez la poussière dans un tamis très-fin ; ensuite, vous mettez cette poussière dans votre graisse, et, lorsqu'elle est fondue, vous ajoutez au plus six gouttes d'essence de citron ;

plus elle est salutaire. Celle faite avec la graisse de veau est préférable à tous égards à celle faite avec la graisse de mouton, qui est plus nuisible qu'utile à la peau, en ce qu'elle est sèche et trop forte.

L'on distingue aux environs de Paris plusieurs sortes de limaçons ; les meilleurs sont ceux des vignes et des jardins.

Le limaçon d'eau douce ou de marais donne beaucoup moins de matière gluante, et ne remplit pas le but que tout fabricant désire, qui est d'être utile.

Cette pommade se confectionne comme toutes les autres ; il faut seulement avoir le soin de varier les essences odorantes, afin de contenter tous les goûts et même les fantaisies.

CHAPITRE XIX.

Pommade en Crème ou Pommade pour le teint.

On prend un demi-gros de cire blanche et de blanc de baleine, une once d'huile d'amande douce, et une demi-once d'eau de rose.

On fait fondre le tout, à l'exception de l'eau de rose, dans un vase, au bain-marie

si l'on veut, d'huile d'amande douce, de même quatre onces ; on fait fondre une once de cire blanche ; on y mêle une once d'eau de rose ; on met son mortier dans un vase contenant de l'eau bouillante, afin qu'il puisse s'échauffer.

Il faut préalablement couper la cire par petits morceaux, la mettre dans un vase assez solide pour qu'elle puisse fondre sans casser le vase, l'huile ensuite par-dessus, et chauffer le pot au bain-marie.

Quand votre cire est fondue, vous la coulez dans le mortier, et vous l'agitez jusqu'à ce qu'elle soit entièrement refroidie.

Si vous négligez cette précaution, vous aurez un cérat grumeleux.

Lorsque la cire est bien fondue, vous y ajoutez de l'eau de rose, en l'agitant fortement, et vous continuez jusqu'à ce que votre cérat ait une belle couleur.

Quand il est froid, vous le mettez dans des pots.

Fait de cette manière, il est très-agréable, et même très-utile pour tenir les lèvres fraîches et empêcher les gerçures.

rax (1) en pain, et deux onces de benjoin pulvérisé, que l'on met dans le corps de cette pommade ; quand le tout est bien fondu, on le retire du feu et on le laisse en infusion pendant trois jours, en le remuant de temps en temps ; puis on le remet fondre de nouveau au bain-marie, et l'on y ajoute des essences de tubéreuse, de rose et de fleurs d'acacia ou de cassie.

Quand le tout est bien amalgamé, on le tire à clair en le passant dans un linge, ou dans du papiergris, et on le met dans des pots.

CHAPITRE XXII.

Pommade à la Moelle de Bœuf, de differentes Odeurs.

La pommade à la moelle de bœuf a eu à son apparition un succès prodigieux. La moelle étant cette substance simple, onctueuse, humide et légère contenue dans les concavités des os, la pommade à la moelle de bœuf ne pouvait manquer d'obtenir la préférence

---

(1) Voyez sur le storax la première note du chapitre II du titre IX.

cette quantité), vous la faites fondre au bain-marie, et, comme il s'en perd par l'ébullition, vous y joignez une livre de pommade ordinaire, soit à la rose, soit à la jonquille, au jasmin, etc., etc., enfin, au parfum que vous voulez lui donner, et à la couleur dont vous désirez la teindre; puis vous l'arrosez avec les essences que vous penserez être le plus en faveur.

Pour faire de la pommade de moelle de bœuf, nommée au *bouquet*, vous ajoutez une demi-livre de pommade à la rose, autant de celles au jasmin, à l'œillet, à la fleur d'oranger, à la fleur d'acacia ou à la cassie, et vous la parfumez avec l'essence de thym, de lavande, de girofle, de bergamotte, ou telle autre qu'il vous plaît d'y mettre.

Nota. Il est sans doute beaucoup d'autres pommades que l'on peut composer, telles que celles à la violette, à la giroflée, à la jacinthe, au seringat, au muguet, au réséda, à la vanille, aux fleurs d'italie, etc.; mais qui ne voit, d'après celles que je viens de donner, qu'il ne peut guère y avoir de différence, entre toutes, que par la dénomination, et par l'odeur à tirer des diverses essences à

TITRE IV.

Des Eaux odorantes et des Aromates.

CHAPITRE Ier.

Eau d'Anis.

Toute la plante de l'anis est aromatique. Ce sont ses graines qu'on emploie pour composer l'eau d'anis.

Il faut prendre douze onces d'anis vert, autant d'anis étoilé, deux onces de fenouil et de coriandre.

L'on concasse toutes ces graines, et on les fait infuser dans de l'eau-de-vie.

Pour cette quantité de graines, il faut douze pintes d'eau-de-vie au moins; vous les mettez pendant vingt-quatre heures au bain-marie. Il faut faire la plus grande attention à la distillation, et l'examiner souvent, afin d'arrêter au moment où il commencera à passer une liqueur tarteuse.

rivière distillée. Vous distillez ensuite toutes ces substances au bain-marie de l'alambic.

Après que l'eau est distillée, vous la mettez dans des bouteilles bien bouchées

Vous prenez un livret contenant des feuilles d'argent battu, et en faites tomber sur une assiette. Vous y versez un peu de la liqueur, avec laquelle vous fouettez les feuilles d'argent, jusqu'à ce qu'elles soient en petites parcelles, et vous en mettez dans les bouteilles en quantité suffisante.

On conçoit bien que cet appareil n'est que pour la forme, et que l'argent ne communique ni saveur ni odeur.

CHAPITRE III.

Des Aromates.

Les aromates sont des substances ayant une odeur plus ou moins forte, et que l'on emploie pour donner à d'autres substances l'odeur qui leur est propre.

Lorsque plusieurs de ces matières sont sèches, elles peuvent être réduites en poudre, telles que la cannelle, le girofle, le musc, la muscade et l'iris.

Les oranges et les citrons contiennent un arome très-suave qu'il est utile de conserver.

coupez-en l'écorce jaune, distillez-la avec de l'eau et de l'eau-de-vie, à un feu un peu vif. La quantité pour deux pintes et demie de citronnelle est de deux citrons.

CHAPITRE VI.

Eau de Cornouiller.

Lorsque les fruits du cornouiller commencent à prendre sur l'arbre une couleur un peu rougeâtre, l'on cueille les plus gros et les plus longs : on les nettoie avec un linge doux et blanc, on les laisse se faner un peu ensuite, et on les met dans un petit baril de bois qu'on emplit d'eau de rivière ou de pluie; l'on y ajoute du sel proportionnellement à la quantité d'eau.

L'on y met aussi du fenouil et des feuilles de laurier. On laisse le baril dans un lieu tempéré jusqu'à ce que les cornouilles aient pris le goût et la couleur des olives du midi; on les enferme ensuite dans des vases qu'on dépose dans un lieu sec et frais.

Cette eau est excellente pour prévenir les gerçures de la peau : elle sert aussi à guérir les durillons.

pour la toilette, même pour se rincer la bouche et corriger les haleines fortes.

CHAPITRE VIII.

Eau d'Essence et de Miel composée.

L'on prend deux livres de miel bien épuré, que l'on fait fondre au bain-marie avec un peu d'eau. Quand il est liquéfié, on met des fleurs d'oranger bien épluchées, des feuilles de roses, les zestes de deux citrons que l'on broye entièrement ; on ajoute de la coriandre, du girofle, de la graine d'ambrette, de la vanille que l'on coupe par petits morceaux.

Quand tout est réuni, vous ajoutez de l'esprit rectifié en quantité proportionnée à celle des fleurs ; vous les broyez de nouveau et y ajoutez encore une livre de miel, que vous mêlez le plus possible.

Vous laissez infuser pendant une huitaine de jours cette essence, puis vous la distillez au bain-marie.

Cette essence prévient et guérit les maux de tête.

eau-de-vie, sans être obligé d'ajouter du gayac.

Il y a deux espèces de gayac, *l'un à fleurs bleues*, et *l'autre à fleurs blanches dentelées*. Celui à fleurs bleues croît plus haut que celui à fleurs blanches, il est très-cultivé à Saint-Domingue. L'on extrait de ces fleurs une essence qui sert à confectionner l'eau dite eau-de-vie de gayac.

Le bois du gayac est très-résineux, et contient aussi une quantité d'extrait qu'on emploie également pour fabriquer de l'eau-de-vie.

La résine que l'on obtient de cet arbre, en découle naturellement et par incision. On la nomme dans le pays gomme de gayac.

Cette résine, pour être bonne, doit être luisante et transparente, brune en dehors, blanchâtre en dedans.

Pour se convaincre de sa bonté, on en brûle. Si l'odeur qui s'en évapore est agréable, on peut l'acquérir.

CHAPITRE X.

Eau vulnéraire simple.

L'on prend une poignée de feuilles de

CHAPITRE XI.

Eau pour la Conservation des Dents.

Prenez quatre onces d'eau-de-vie de gayac préparée (1); ajoutez-y un gros d'eau-de-vie camphrée, six gouttes d'essence de menthe et autant d'essence de cochléaria, dix de romarin, puis six gouttes de bergamotte.

Cette eau est une des meilleures que l'on puisse employer pour la conservation des dents : l'on en met une douzaine de gouttes dans le verre d'eau avec lequel on se rince la bouche le matin. Elle est aussi très-bonne contre la piqûre des cousins, pour en ôter la douleur et la démangeaison à l'instant.

Le parfumeur doit avoir aussi la précaution de faire de l'eau d'angélique.

Cette plante est ainsi nommée à cause de ses vertus. L'on confit l'angélique dans du vinaigre , et on l'emploie comme préservatif du mauvais air.

---

(1) Voyez sa préparation au chapitre IX ci-dessus.

CHAPITRE XIV.

Eau Rouge ou Eau-de-vie de Lavande.

Elle est une des plus simples à faire.

On prend trois pintes de bonne eau-de-vie que l'on met dans un pot de grès, puis on y ajoute quatre poignées de fleurs de lavande. On les laisse infuser pendant un mois.

Cette eau est un remède contre les contusions ; il ne faut qu'appliquer une compresse imbibée sur la partie affectée.

Lorsque les coups sont violens l'on fait de l'eau de boule avec cette eau-de-vie de lavande en y délayant un peu de boule de Nancy.

CHAPITRE XV.

Eau vulnéraire nommée Faltranchs.

L'on trouve dans le commerce une autre eau vulnéraire presque semblable à celle que j'ai décrite au chapitre ci-dessus, et que l'on nomme *faltranchs*.

On fait une récolte de toutes les principales herbes vulnéraires, que l'on ne cueille

les fleurs séchées ont beaucoup moins d'arome que les fleurs fraîches. Je n'en ai donné la recette que pour prémunir les parfumeurs, contre ces achats qui leur sont plus coûteux et moins profitables que ceux des fleurs qu'ils acquièrent chez les jardiniers botanistes.

CHAPITRE XVI.

Eau de Mélisse, autrement dite des Carmes.

Elle est ainsi nommée parce que nous sommes redevables aux Carmes de l'invention de l'eau de mélisse, dont les propriétés sont connues et d'usage journalier.

Voici la manière de la composer. Vous prenez six livres de feuilles et fleurs de mélisse, bien tendre, bien odorante et fraîchement cueillie, huit onces de citronnelle, quatre onces d'angélique de Bohême côtes et feuilles, une demi-once de fleurs de lavande, huit onces de chardon béni, deux onces de cannelle fine, deux onces de girofle, quatre onces de macis, une demi-once de badiane et autant de coriandre.

Vous concassez bien ces épices, vous y joignez la mélisse et autres aromates, que

CHAPITRE XVIII.

Eau de Myrte.

Pour composer l'eau de myrte vous prenez deux onces de feuilles de pêcher bien fraîches, et une muscade concassée, et les mettez infuser dans six pintes d'eau-de-vie, que vous faites ensuite distiller au bain-marie de l'alambic. Vous ajoutez à ce que vous avez obtenu par votre distillation une demi-livre de fleurs de myrte et la laissez nfuser pendant une huitaine de jours.

L'infusion achevée, vous filtrez votre eau et la mettez dans des bouteilles, que vous fermez hermétiquement.

CHAPITRE XIX.

Eau d'Œillet.

L'odeur des œillets est subtile, pénétrante et aromatique, etc.

Beaucoup de médecins la recommandent dans les maladies pestilencielles.

Quelques-uns vantent même le suc de

feuilles d'or battu, ce que j'ai indiqué qu'il fallait faire à l'égard des feuilles d'argent.

La feuille d'or n'a pas plus de saveur ni d'odeur que celle d'argent.

CHAPITRE XXI.

Eau des sept Graines.

L'on prend des graines d'anis, du cassis, du carvi, du cumin, du fenouil, de l'ache ou du persil, de l'ammi, du panais sauvage et de l'amome, trois onces de chaque graine; on les pile dans un mortier et on les met infuser pendant six semaines ou deux mois dans neuf pintes d'eau-de-vie, ou quatre pintes d'eau commune et autant d'esprit de vin.

Cette eau est très-odorante : l'on peut en mettre quelques gouttes dans un verre d'eau sucrée. Elle est très-stomachique.

Il est plus économique de mettre cette eau dans une cruche bien bouchée que dans des bouteilles, surtout lorsqu'on en débite en moindre quantité qu'une bouteille, qui restant en vidange, perdrait de son arome en raison du peu de liquide qui resterait.

L'on n'éprouve point cet inconvénient dans

L'essence, qui se connaît facilement par une espèce de graisse figée qui surnage sur l'eau, doit être séparée de l'eau, comme cela s'opère pour le néroli.

Il faut pour l'essence de roses maintenir le vase qui la contient à un bon degré de chaleur pour la séparer, parce qu'elle se fige facilement.

CHAPITRE XXIII.

Eau de Rossolis.

Prenez douze onces de fleurs d'oranger épluchées, une livre de roses muscades, six gros de cannelle concassée, deux gros de girofle concassé; mettez-les dans l'alambic avec douze pintes d'eau de rivière filtrée, distillez-les, vous en retirerez six pintes de liqueur. Ajoutez-y six pintes d'esprit de jasmin, colorez la liqueur en rouge cramoisi, filtrez-la et mettez-la en bouteilles.

CHAPITRE XXIV.

Eau de Verveine odorante.

Cette plante est très-cultivée en France de-

CHAPITRE XXV.

Eau suave.

Ce nom ou cette épithète *suave* donnée à cette eau indique qu'elle doit être composée de toutes les odeurs les plus agréables.

Pour rendre bien le sens de ce mot, il faudrait dire des odeurs *les plus douces* : c'est l'idée qu'emporte le mot *suave* ; mais on conçoit facilement que des odeurs très-douces seraient sans action et sans force. Alors ce n'est plus dans ce sens qu'il faut l'entendre, mais dans le sens des odeurs les plus agréables.

Pour composer cette eau l'on prend de l'eau d'œillet, de jasmin, de violette, en quantités égales, de l'eau de bergamotte, de l'eau de rose, moitié moins que des autres, et l'on y ajoute deux ou trois gouttes d'essence d'ambre, et d'essence de musc.

CHAPITRE XXVI.

Eau de Bouquet et Eau de mille fleurs.

Pour cette eau, il semblerait que les eaux

l'on agite fortement cette eau, puis on la filtre au papier gris ; la chausse est encore meilleure : je conseille la chausse.

CHAPITRE XXVII.

Eau de Miel d'Angleterre.

Les parfumeurs mettent au rang des *eaux odorantes* une eau dans laquelle ils font entrer du miel, et qu'ils nomment *eau de miel d'Angleterre*. Seraient-ce les parfumeurs anglais qui l'auraient composée, et aurait-elle retenu le nom du lieu d'où elle est venue? Serait-ce parce que du *miel d'Angleterre* y entrerait? Cependant l'on ne voit point qu'il soit dit que ce soit ce miel-là plutôt que tout autre, puisque l'on demande seulement qu'il soit mis du miel fin, sans dire de quel lieu on le tirera. Il y a tout lieu de croire que c'est parce que cette eau a été introduite dans le commerce par les parfumeurs anglais, qu'elle a conservé le nom qu'on lui donne.

Sans vouloir plus approfondir la cause de sa dénomination, ou rechercher son origine, qui est assez indifférente, je vais indiquer la

CHAPITRE XXVIII.

Eaux des Sultanes, de Musc, de Chypre, d'Ambre et autres.

Les eaux odorantes se font, suivant moi, à volonté, et se composent généralement d'odeurs qui sympathisent et s'amalgament le mieux les unes avec les autres.

Celle dite des Sultanes doit être formée particulièrement de substances qui puissent concourir à rafraîchir le teint et lui donner l'éclat que l'on recherche *dans les sultanes*. A l'égard des autres, pourvu que les différentes odeurs sympathisent, elles sont bien composées.

Pour l'*eau des Sultanes*, vous prendrez une pinte d'esprit de vin rectifié, vous y mettrez deux onces de teinture de vanille, une once d'esprit de baume du Pérou, une d'esprit de baume de styrax, une de baume de Tolu, une pinte d'eau de chypre, une demi-pinte d'eau de jonquille, autant d'eau de jacinthe et autant d'eau de réséda. Vous y ajouterez un demi-setier d'eau de rose, autant d'eau de fleurs d'oranger, une demi-once

L'eau d'ambre ne demande sur une pinte d'esprit de vin, qu'une chopine d'esprit d'ambrette, une once d'essence d'ambre et une once de musc, que vous mêlez avec de l'eau de fleur d'oranger dans une quantité proportionnée.

Quant à l'*eau de Flore*, ce sont les eaux de jasmin, de rose et de fleur d'oranger qui en font la base. A une pinte d'esprit de jasmin, vous joignez une chopine d'esprit de rose, autant d'esprit de fleurs d'oranger; vous y ajoutez une chopine d'esprit de violette, un demi-setier d'esprit de jonquille, un demi-gros d'essence de musc, deux gouttes d'huile essentielle de girofle, une goutte de baume de benjoin et autant de teinture de baume de Tolu. Il faut élever cette composition jusqu'à vingt-huit degrés avec de l'eau de fleur d'oranger et de l'eau de rose en égale quantité.

Toutes les eaux dont il vient d'être question pourraient aussi entrer dans d'autres compositions.

l'augmenter, en variant les essences qu'on voudrait employer.

CHAPITRE I.

Vinaigre Rosat.

L'on prend du vinaigre blanc, la quantité que l'on veut en confectionner, et l'on y ajoute la quantité de roses nécessaire pour le rendre odorant.

Il faut que les roses soient effeuillées, et sur chaque livre de roses, y ajouter un quarteron de roses musquées. Vous les laisserez infuser pendant quinze jours au moins, et surtout vous éviterez que le vinaigre soit exposé au soleil.

C'est une grande erreur de croire que l'action du soleil sur des infusions quelconques facilite l'essor de l'arome, tandis qu'il est démontré qu'elle l'absorbe.

Le temps nécessaire à l'infusion étant expiré, vous exprimez le marc et mettez le vinaigre en bouteilles.

Si la saison se trouvait froide et pluvieuse, et que les roses eussent moins d'odeur, vous ajouteriez quelques gouttes d'essence de roses.

CHAPITRE III.

Vinaigre des quatre Voleurs, anti pestilentiel.

Vous prenez quatre pintes de vinaigre blanc ; vous mettez ce vinaigre dans un assez grand vase pour qu'il puisse contenir les plantes dont on le compose, et qu'elles puissent y nager.

Ces plantes sont de la grande et petite absinthe, du romarin, de la sauge grande et petite, de la menthe et de la rue ; de chacune de ces plantes un peu plus d'une demi-once.

Vous ajoutez trois onces de fleurs de lavande sèche, deux gros d'ail, et autant d'acorus, de cannelle, de girofle et de muscade.

L'on coupe les plantes et l'on concasse les drogues sèches. On fait ensuite infuser tous ces ingrédiens pendant deux mois dans des vases bien bouchés.

On décante après cela cette liqueur, on en exprime le marc, on la filtre, et on y ajoute une demi-once de camphre dissous dans un peu d'esprit-de-vin.

La réputation de ce vinaigre est établie depuis bien des années.

quatre heures. Ensuite on le passe dans un linge et on le met dans des bouteilles.

L'on peut impregner des éponges de ce vinaigre : elles en conservent l'odeur pendant quelques jours. On les imbibe de nouveau lorsque l'odeur ou la force du vinaigre est passée.

CHAPITRE V.

Vinaigre Antiputride et Curatif.

Ce vinaigre doit fixer l'attention de toutes les personnes qui désirent être utiles à leurs semblables.

Les mères de famille doivent surtout en avoir toujours chez elles.

Il est indispensable pour les personnes qui passent une partie de la belle saison à la campagne.

La description de ses propriétés curatives et antipestilenticlles les en convaincra.

Voici la manière dont on le compose :

Vous prenez des feuilles de lavande, de thym, de romarin, d'aurone ou citronnelle, d'angélique, de jombarde, de serpolet, de menthe, de marjolaine, de sauge, de verveine odorante, de marube blanc, d'hysope,

sang, il faut seulement mettre une compresse de ce vinaigre, la douleur cesse aussitôt. Si la chute ou le coup a été assez fort pour qu'il y ait ébullition de sang, vous mettez des feuilles de ce vinaigre sur la plaie, et vous humectez le linge qui la couvre, avec le vinaigre.

Toutes les contusions, les cassures exceptées, sont guéries avec ce vinaigre dans l'espace de vingt-quatre heures au plus. Il est excellent pour chasser le mauvais air, et remplit parfaitement son titre d'antiputride.

A l'article *Pommade*, je me suis abstenue de donner la manière de composer celles pour le teint, le maintien de sa fraîcheur, pour la conservation des dents, etc.; et j'ai annoncé que j'indiquerais une liqueur beaucoup plus efficace et dont les résultats sont constatés depuis plus de vingt ans.

Cette liqueur est le vinaigre que je viens de décrire. Je m'abstiendrai de rendre compte des résultats avantageux qu'il a ob-

---

réussi. Il suffit de mettre une cuiller à bouche de ce vinaigre dans un verre d'eau un peu sucrée. Cela apaise à l'instant le crachement de sang. Deux verres suffisent pour en être débarrassé.

droit frais, et ne jamais laisser les vases en vidange. Le vinaigre d'après ce procédé peut se conserver plusieurs années.

COROLLAIRE.

Instruction sur les Vinaigres falsifiés.

Les vinaigres se mêlent à une grande partie de nos alimens; l'on en confectionne aussi d'odorans; d'après cela leur mauvaise qualité peut devenir très-dangereuse. Cependant plusieurs fabricans se sont permis de lui faire subir des falsifications pernicieuses; il en est même qui y ont ajouté de l'acide sulfurique.

Cette fraude, qui pouvait avoir les résultats les plus funestes, a donné naissance à l'instruction suivante de la faculté de Médecine de Paris, rédigée sur l'invitation de M. le ministre de l'intérieur.

Un décret du 22 décembre 1821, rendu en conseil d'état, porte: « Qu'il est défendu » aux fabricans et marchands de vinaigre » d'ajouter, sous quelque prétexte que ce » soit, des acides minéraux, et spécialement » de l'acide sulfurique à leur vinaigre, ou » d'y introduire des mèches souffrées.

» On reconnaîtra facilement les contra-

» serait référé à des chimistes, qui, après
» avoir procédé par les voies d'analyse,
» établiront, dans un rapport, leur opinion
» sur la qualité de ce vinaigre.

» Tout vinaigre reconnu pour contenir de
» l'acide sulfurique sera saisi, et ne devra
» plus être remis dans le commerce qu'après
» avoir été injecté avec de l'essence de té-
» rébenthine, afin que par ce moyen, il ne
» puisse plus être employé dans aucune
» préparation, surtout pour les alimens. »

J'ai cru devoir donner cette instruction aux fabricans de vinaigre odorant odontalgique, etc., pour leur épargner les inconvéniens qui en pourraient résulter.

---

l'on choisissait, ou plusieurs fleurs amalgamées, et cela successivement.

Qu'arrivait-il ? il arrivait que les fleurs donnaient beaucoup d'humidité à la poudre, que la confection en était beaucoup plus longue en raison de l'obligation de visiter les poudres, pour se convaincre si elles ne prenaient pas de l'humidité; puis l'on était encore obligé, si les fleurs n'avaient pas déposé tout leur arome, d'en ajouter de nouvelles.

L'on faisait cette opération quatre ou cinq jours de suite, et souvent l'on était forcé d'augmenter les couches de fleurs, ce qui ne donnait pas de sécheresse à l'amidon ; puis il fallait tamiser les poudres et les mettre dans un endroit très-sec, pendant quelques jours encore.

Ce n'était pas tout : quand on avait ôté les fleurs, l'on retamisait la poudre de nouveau, dans un tamis très-fin, et cela pour éviter qu'il ne restât quelques parcelles des fleurs, qui auraient causé une humidité, et n'auraient pas permis de conserver ces poudres.

Donc, perte de temps pour le parfumeur, dommage dans ses intérêts, puisque, si sa poudre s'était moisie, il lui eût été impos-

CHAPITRE II.

Poudre à l'Ambre gris (1).

Vous commencez par vous en approvisionner. Cette substance est légère et très-odoriférante ; mais son odeur se développe bien plus encore lorsqu'elle est mêlée avec une petite quantité d'autres aromates.

Le bon ambre gris se reconnaît lorsqu'en le piquant avec une aiguille chaude, il rend un suc gras et odoriférant. Il est dissoluble en partie dans de l'esprit de vin, et il peut conséquemment être propre aussi pour la confection des poudres.

Quoique l'ambre, lorsqu'on le met sur le feu, se fonde et se réduise en une résine liquide, il est facile, par une plus forte dessication, de le rendre très-dur, et ensuite de le réduire en poudre.

C'est avec cette poudre que l'on confectionne celle que l'on vend sous le nom de poudre à l'ambre gris.

---

(1) L'ambre gris se rencontre sur les bords de la mer en morceaux plus ou moins gros. Il s'en trouve quelquefois du poids de cent livres et plus.

portionnée à l'amidon avec lequel l'on fabrique la poudre dite à la fleur d'oranger.

CHAPITRE IV.

Poudre à la Jonquille.

Les jonquilles fleurissent au mois de mars, dans les pays méridionaux, et en mai et juin, dans les environs de Paris.

L'on peut en avoir cependant plus tôt chez les jardiniers fleuristes, mais elles sont moins odorantes que celles qui viennent en pleine terre, et que le soleil a vivifiées.

La jonquille double a la réputation d'avoir une odeur plus suave : c'est une erreur; la simple au contraire est beaucoup plus odorante et conserve son parfum plus longtemps.

C'est cette dernière qu'il faut faire sécher, pour en obtenir la poudre, que l'on tamisera avec précaution.

Il ne faut pas faire sécher ces fleurs au soleil, mais dans des vases de fer-blanc, parce que cette matière pompe moins, et diminue conséquemment moins l'arome.

On met les vases dans un four tiède, et

connues des jardins et dont les odeurs frappent l'odorat lorsqu'on les approche.

Au contraire les mousses sont sans saveur. Il y en a qui croissent sur différens arbres, qui ne servent à rien, pas même à brûler, puisqu'étant mises au feu elles rougissent et se réduisent en cendre sans prendre ni communiquer aucune flamme; il est donc impossible d'en extraire aucune essence.

CHAPITRE VI.

Poudre à l'Œillet.

Sûrement, de toutes les poudres dont se couvrent la tête les personnes qui en mettent encore, la poudre à l'œillet n'est pas la moins agréable par son odeur. Serait-il possible en effet qu'elle ne plût pas infiniment, ayant une odeur aussi suave que celle de l'œillet?

Après les fleurs à odeur forte et pénétrante, l'œillet est peut-être la fleur dont l'odeur soit la plus douce, la plus subtile et la plus aromatique.

A ne parler que des œillets eux-mêmes, combien n'aurait-on point à s'étendre sur leurs formes, leurs couleurs, leur élégance

poudre bien tamisée et faite avec de bon amidon blanc et sec, l'on met un lit de fleurs d'œillet; sur un second lit de poudre, un second lit de fleurs, en ayant soin que la poudre soit bien couverte, et ainsi successivement, le lit de fleurs couvrant toujours la poudre.

Il faut laisser la poudre s'imprégner de l'odeur pendant vingt-quatre heures. Au bout de ce temps, on remue la poudre et les fleurs, que l'on laisse ensemble encore vingt-quatre heures. L'on passe ensuite la poudre pour en retirer les fleurs. L'on en remet des fraîches, également par lit de poudre et de fleurs, et l'on renouvelle la même opération trois ou quatre jours de suite : l'odeur de la fleur est suffisamment amalgamée avec la poudre.

On retire alors les fleurs en tamisant la poudre dans le tamis le plus fin.

Il faut avoir soin de la déposer à l'abri de toute humidité, dans des boîtes bien sèches, bien fermées; et, comme il est impossible qu'il n'y ait pas toujours à la poudre un fond d'humidité produite par les fleurs, il faut la remuer tous les jours, jusqu'à ce que l'on soit convaincu qu'il n'en reste plus.

poudre et dans celle à l'œillet. Comme dans celle-ci, l'on met un lit de fleurs sur un lit de poudre, et successivement on laisse la poudre s'imprégner de l'odeur de la giroflée pendant vingt-quatre heures. On la remue avec les fleurs, on la laisse encore s'imprégner de l'odeur pendant le même temps; on la remue de nouveau, on la tamise, on remet de nouvelles fleurs, trois ou quatre jours de suite; puis, l'on passe la poudre au tamis le plus fin, on l'enferme dans des boîtes bien sèches, et l'on a le même soin de la remuer de temps à autre dans l'année.

CHAPITRE VIII.

Poudre à la Julienne.

La julienne, ou *juliane*, est une plante qui croît dans les haies, et que l'on cultive avec soin dans les jardins. Ses fleurs sont de couleur ou blanche, ou purpurine, ou même diversifiée. Son odeur est suave et très-agréable. Elle se fait sentir davantage après le soleil couché que pendant le jour. L'on donne aussi à la julienne le nom de *violette giroflée des dames*, ou *giroflée musquée*.

CHAPITRE X.

Poudre au Reséda.

Le réséda, que l'on appelle aussi *herbe d'amour*, est une plante annuelle. Ses tiges sont cannelées, découpées, crêpées et d'une saveur amère. Les rameaux soutiennent des épis de fleurs hermaphrodites, en forme de thyrses. Il est peu de plantes d'une odeur plus pénétrante et plus agréable.

L'on confectionne la poudre au réséda comme celle dont il vient d'être question dans les chapitres précédens. L'on corrige néanmoins cette poudre par celle à la rose; il ne faut mettre qu'un tiers de celle-ci, sur deux tiers de poudre au réséda.

CHAPITRE XI.

Des Poudres diverses.

Quant aux poudres à l'héliotrope, aux mille fleurs, au bouquet, à la bergamotte, poudre de Flore, poudre à la vanille, à la frangipane, à l'œillet double, à la vanille blanche, poudre aux mille fleurs, etc., l'on

TITRE VII.

Des Sachets odorans.

CHAPITRE Ier.

Sachets pour parfumer le Linge dans les armoires, les Parures dans les cartons, etc.

Vous prenez des feuilles de roses, d'œillets musqués, de jacinthe simple, de la fleur de lavande, des feuilles de baume et un peu de feuilles de marube blanc.

Vous les faites sécher à l'ombre; quand elles sont bien sèches, vous les saupoudrez avec des poudres de girofle, de muscade, de macis ou musc du mâle des gazelles, parce qu'il est plus pur; cependant il est extrêmement fort, et plus il est pur, plus il absorbe les autres odeurs.

Pour le tempérer il faut y ajouter un peu de poudre de sucre et un peu d'ambre.

Vous enfermez le tout dans des sachets de taffetas, de la couleur qui vous plaît le

CHAPITRE III.

Sachet aux Herbes de Montpellier.

Ce sachet ne se compose point d'autant de fleurs que le précédent.

On lui a donné le nom de sachet aux herbes de Montpellier, pour lui faire une réputation analogue aux herbes que l'on recueille dans les départemens méridionaux.

Il faut lui conserver son titre, et se contenter des fleurs qui se cultivent aux environs de Paris, et qui ne perdront point de leur arome, par un grand trajet et quelquefois par ce voisinage d'odeurs, qui corrompent même les essences dans des flacons, à bien plus forte raison des fleurs fraîches, sensible aux moindres émanations.

Ce sachet, me dira-t-on, ne se compose point de fleurs, mais d'herbages, qui conséquemment sont moins susceptibles de s'altérer.

Je répondrai que plus les feuilles sont fraîches, plus l'odeur devient forte lorsqu'on les met à une dessication modérée, surtout devant éviter de les réduire en poudre.

Vous prendrez donc des feuilles de thym,

TITRE VIII.

Des Pots-pourris.

CHAPITRE Ier.

Pot-pourri à la Jacinthe (1).

La jacinthe est une fleur chérie des amateurs de la belle nature, et elle le mérite à bien des titres.

Sa diligence à fleurir aux premiers jours du printemps, son odeur suave et variée, l'avantage qu'elle a de former un bouquet

(1) La jacinthe est une fleur bleue, rouge, violette, verte ou blanche, avec le godet incarnat. Il y a différentes sortes de jacinthes : il y en a d'orientales, d'étoilées, de brumales et de panachées. La jacinthe orientale fleurit blanc ; elle a un grand godet et sent bon. La jacinthe étoilée est d'Allemagne ; elle fleurit en avril et en mai ; et la jacinthe panachée ou à panache fleurit en mai, et est fort belle.

en plus grande quantité que les autres, afin qu'elle domine, celles qu'on lui ajoute ne servant pour ainsi dire qu'à sa conservation.

CHAPITRE II.

Pots-pourris divers.

Il est d'autres pots-pourris qui se composent de toutes les fleurs et plantes odorantes; on les met de même dans des pots de faience ou de porcelaine, et, lorsqu'ils ont acquis l'odeur que l'on désire, on a soin de les mettre dans des endroits secs. L'on peut cependant en prendre quelques parcelles que l'on met dans des pots de faience nommés eux-mêmes *pots-pourris*, d'après leur destination. On les place sur les consoles dans les appartemens; ils y répandent une odeur suave, qui bien souvent tempère les émanations désagréables que les ruisseaux produisent dans Paris.

Il est des pots-pourris confectionnés ainsi que je viens de le décrire, qui conservent un arome agréable, et flattent encore l'odorat après de longues années.

romarin, de rose, auxquels on ajoute un citron piqué de clous de girofle et du bois de Rhodes; on aromatise ensuite ce mélange avec de l'huile essentielle de bergamotte.

Telle est communément la base de nos *pots-pourris* et de nos *cassolettes*.

Ce dernier nom a été donné à une composition odoriférante, formée de la réunion de tout ce qui rend une odeur agréable.

L'on renferme ces aromates dans des vases de faïence ou de porcelaine, dont le couvercle est percé en divers endroits, afin que les odeurs s'exhalent et se répandent dans l'appartement.

L'on fait aussi des *cassolettes* portatives de tel métal que l'on veut.

L'usage des parfums est très-ancien, et il n'est pas négligé de nos jours.

L'on sait que les Indiens ont de tout temps brûlé des parfums dans des espèces de réchauds, pour recevoir plus magnifiquement leurs convives.

CHAPITRE II.

Parfum ou Extrait de Portugal.

Les oranges de Portugal ont plus d'odeur

de benjoin, deux gros de graines d'ambrette (1), un gros de musc et d'ambre; on les pulvérise, on les exprime ou on les distille.

Si l'on n'en fait qu'un parfum, on laisse ces matières en poudre, en ayant soin de les remuer souvent; ensuite on les met dans des boîtes bien fermées.

Si on en fait des extraits ou des essences, on les met dans des bouteilles hermétiquement fermées.

Les matières réduites en poudre s'emploient en sachets couverts de taffetas gommé, ou bien l'on en fait des cassolettes pour parfumer les appartemens.

---

odeur, propre à fortifier le cerveau; on l'emploie aussi en fumigation.

Les chimistes retirent du storax une teinture et des fleurs, comme ils font avec le benjoin.

(1) L'ambrette est appelée *Graine de musc*, parce qu'elle en a effectivement l'odeur. Cette plante croît en abondance dans le pays de Galam, dans les Antilles, et surtout en Arabie et en Egypte. Elle nous est importée en France par les Hollandais. Les parfumeurs font usage de cette graine à cause de son odeur suave.

rines odorantes, blanches et en étoiles. Ses semences sont renfermées dans des follicules rougeâtres, dont on exprime une liqueur semblable à du miel.

La véritable patrie de cet arbre précieux est l'Arabie heureuse. Il a été aussi cultivé dans la Judée, d'où lui est venu le nom de *baume de Judée*. Les femmes turques en font un grand usage pour conserver la blancheur et la fraîcheur de leur peau. L'on retire du baume de Judée une huile limpide et fluide, d'une odeur suave, que l'on emploie pour cicatriser les coupures.

CHAPITRE IV.

Huile de Cameline, ou Camelina.

La cameline est une plante annuelle qui ne s'élève pas plus haut que le lis, et que l'on sème de même que lui en Flandre, pour exprimer l'huile de sa graine.

Cette plante est très-commune aux environs de Paris, ce qui est un avantage pour le parfumeur, qui pourra s'en procurer facilement. Elle croît dans les orges, les avoines; elle porte des fleurs jaunâtres, en croix, qui

Il y a deux sortes de noix muscades : l'une est de la figure d'une olive, on la nomme *muscade femelle* : elle est fort en usage; l'autre est appelée *mâle* : elle est plus alongée que la *femelle* et beaucoup moins aromatique.

La muscade *mâle*, nommée *manèque* par les Hollandais, est oblongue, et n'a presque point d'odeur.

Il est nécessaire qu'un fabricant connaisse les formes et les différentes qualités des objets qu'il tire de l'étranger, afin de ne point être exposé à des pertes, et plus encore à discréditer ses compositions.

C'est donc un service à lui rendre que de lui indiquer celles qui sont nuisibles. La noix muscade mâle est de ce nombre.

Elle est facile à reconnaître : outre qu'elle est oblongue et presque sans odeur, elle est intérieurement panachée de veines noirâtres: les vers la rongent assez facilement ; et, ce qu'il y a de plus défavorable par un fabricant, c'est que s'il mêle la muscade mâle avec la femelle, elle se corrompt.

Voici les moyens usités pour obtenir le parfum de ce fruit. On le perce avec une forte aiguille : ensuite on le fait tremper dans

Cette plante contient beaucoup de sel aromatique huileux et cordial. Elle entre aussi dans la thériaque, ainsi qu'on peut s'en convaincre dans l'exposition publique que les pharmaciens de Paris en font dans la salle de leur jardin.

L'on obtient de l'acorus une huile d'une odeur agréable, en y ajoutant les zestes d'un citron piqué, des clous de girofle.

Outre son odeur suave, elle est très-stomachique; en en mettant plein une cuiller à café dans un verre d'eau, elle apaise les douleurs de l'estomac; en s'en frottant les tempes, et en aspirant l'odeur, elle dissipe le mal de tête.

CHAPITRE VII.

Huile de Cannelle.

Toutes les parties du *cannellier* sont utiles : son écorce, sa racine, son tronc, ses tiges, ses feuilles, ses fleurs et son fruit; son odeur est très-suave et très-pénétrante.

L'on en tire des eaux distillées, des sels volatils, du camphre, de la cire, des huiles précieuses : l'on en compose des sirops, des

a les vertus de la cannelle et qui se dissout dans l'eau.

On retire aussi, par la distillation de l'écorce et de la racine, une huile et un sel volatil ou du camphre.

Le camphre de la cannelle est très-blanc et a une odeur beaucoup plus douce que le camphre ordinaire; il est très-volatil, s'enflamme aussi beaucoup plus promptement, et ne laisse point de résidu après avoir été brûlé.

On obtient, par la distillation des feuilles du cannellier, une huile à odeur de girofle.

L'eau distillée des *fleurs de cannelle* a une odeur très-agréable. On l'emploie pour ranimer les esprits et pour adoucir les haleines fortes.

Les fruits donnent deux sortes de substances. On en tire par la distillation une huile essentielle dont l'odeur tient du girofle, du genièvre et de la cannelle : par la décoction, on en tire une espèce de graisse d'une odeur pénétrante, de la couleur et de la consistance du suif, que l'on met en pain comme le savon et qui serait très-propre à employer pour faire la barbe.

La compagnie hollandaise l'apporte en

y en a qui sont souvent congelées, celle d'anis surtout.

Voyez au chapitre X ci-après, page 157, ce que je dis sur la propriété que possèdent les huiles d'Asie, d'Afrique et d'Amérique, et par laquelle elles diffèrent de nos huiles essentielles d'Europe.

Les Hollandais, qui s'emparent de tous ces produits, apportent ces huiles distillées, mais quelquefois elles sont altérées.

Voici la manière de s'en convaincre.

Les marchands, *surtout* pour les huiles qui sont rares et chères, y mettent de l'huile de *ben* ou de l'esprit de vin, ou quelques autres huiles essentielles de peu de valeur.

Ils jettent une goutte de ces huiles sur du papier : si elle est pure, elle s'évapore à une douce chaleur, sans laisser de tache au papier, ni graisse, ni transparence. Elle doit aussi se dissoudre entièrement dans l'esprit de vin; mais elle ne doit pas rendre l'eau laiteuse, ni donner au linge qui en serait imbibé une odeur térébenthinée.

Le musc qui se trouve dans la poche de l'animal n'est pas aussi bon, parce qu'il n'est pas encore mûr. Ce n'est même que dans la saison du rut qu'il acquiert toute sa force et toute son odeur. Dans cette même saison du rut, l'animal cherche à se débarrasser de cette matière trop exaltée, qui lui cause des picotemens et des démangeaisons.

Le musc nous vient des Indes orientales et principalement du Tonkin.

On le trouve dans le commerce, ou séparé de son enveloppe ou renfermé dedans.

Les Indiens sont sujets à falsifier cette substance.

Celle qui est sans enveloppe doit être sèche, d'une odeur très-forte, d'une couleur tannée, et d'un goût amer.

Étant mise sur le feu, elle doit se consommer entièrement, si elle n'est point falsifiée avec de la terre.

L'enveloppe qui contient le musc doit être couverte d'un poil brun : c'est la peau de l'animal même. Lorsque le poil est blanc, il indique que c'est du musc du Bengale, qui est inférieur à celui du Tonkin.

Le musc est un parfum extrêmement fort, mais peu agréable s'il n'est tempéré par

et de se précipiter au fond sans rien perdre de leurs vertus. L'huile de girofle, celle de cannelle, en fournissent des exemples.

Les huiles aromatiques se composent avec toutes les plantes odorantes et huileuses que l'on cultive en France. Le parfumeur peut les confectionner de même; elles seront aussi odorantes que celles qu'on apporte d'Amérique, lui coûteront beaucoup moins cher, et il en obtiendra les mêmes résultats.

CHAPITRE XI.

Huile de Ben.

On retire par expression de l'amande de la noix de ben une huile épaisse et une huile essentielle.

Les parfumeurs la recherchent beaucoup à cause de sa propriété pour tirer l'odeur des fleurs.

L'amande de la noix de ben ne se rancit presque jamais, et, étant sans odeur, elle n'altère jamais celle des fleurs.

Pour obtenir cette huile, on prend un vaisseau de terre large par le haut, étroit par le bas; l'on y arrange de petits tamis de

Lorsqu'elles sont sèches, elles rendent beaucoup moins d'huile. Elles ne sont pas susceptibles non plus de se conserver aussi long-temps que les fraîches.

L'amande, en vieillissant, perd sa partie aqueuse, s'évapore et devient rance.

A quelque usage qu'on veuille l'employer, il faut ôter la pellicule jaune contenant une poussière qui devient trop souvent nuisible.

Les meilleurs amandes viennent du Languedoc, de la Touraine. Cependant celles d'Avignon leur sont encore préférables.

CHAPITRE XIII.

Huile de Noisette.

De toutes les huiles, celle de noisette est et doit être une des plus douces, des plus suaves et des plus abondantes. Elle est si susceptible d'amalgame avec les essences, que, comme l'huile de ben est chère et rare, on y supplée souvent par celle de noisette. C'est celle qui se conserve le mieux, ainsi que celle d'olive que l'on nomme huile vierge.

On la retire par expression comme celle de ben.

lument que celui-ci que l'on cultive généralement en France. Il croît abondamment en Italie, en Provence et même en Espagne; enfin, on le cultive maintenant dans tous les jardins, qu'il parfume par son odeur aromatique et des plus agréables.

Les différentes sortes de thym dont je viens de parler ont une odeur suave, un goût pénétrant, chaud, aromatique, et elles contiennent toutes beaucoup d'huile et de sel essentiel. L'on peut conséquemment faire de l'huile de thym, avec l'une ou l'autre de ces diverses espèces.

Pour obtenir d'excellente huile, il faut que le thym soit bien fleuri, qu'on le cueille par un temps sec et chaud. L'on emploie la fleur et non le corps de la plante.

On prend quatre pintes d'eau pour deux livres de fleurs; lorsque l'alambic est plein, on le ferme hermétiquement, et on le tient sur un petit feu pendant six heures au moins. Il faut faire en sorte que la chaleur ne soit pas trop forte, et même il faut qu'on puisse tenir la main sur l'alambic sans être incommodé.

Après cet intervalle de temps, on retire l'alambic du feu, et on ne le débouche que

dent; que le thym sauvage était le petit serpolet. Cette plante-ci a sur la première l'avantage de n'avoir pas besoin d'être cultivée ; on la trouve en abondance dans tous les lieux incultes, montagneux et sablonneux, même dans les champs, dans les pâturages, en un mot presque partout. Elle est, ainsi que le thym, d'une odeur ſort agréable. Ses fleurs se conservent tout l'été ; elle l'emporte à cet égard sur le thym des jardins, dont les fleurs ne paraissent qu'au printemps.

Pour faire l'huile de serpolet, l'on suit absolument les mêmes procédés que pour l'huile de thym ; on la sépare de même d'avec les flegmes.

Les infusions de serpolet sont bonnes pour les pâles couleurs.

Si on prenait de la poudre de serpolet comme on prend le tabac, elle produirait le même effet que lui.

CHAPITRE XVI.

Huile d'Hysope.

L'on distingue plusieurs sortes d'hysope, comme l'on distingue plusieurs sortes de

marjolaine et la lavande (dont il sera bientôt question), le romarin est une plante très-aromatique et dont on peut faire de l'huile essentielle, ainsi que des plantes précédentes.

Le romarin, autrement nommé *encensier*, est un arbrisseau qui naît abondamment et sans culture dans les pays chauds et secs, comme en Espagne, en Italie, en Languedoc et en Provence. On le cultive aussi dans les jardins. Ses feuilles sont étroites, d'un vert brun en dessus et blanches en dessous. Elles sont peu succulentes, mais elles sont d'une odeur forte, aromatique et agréable.

Il est d'autres romarins, dont les uns ont les feuilles semblables au fenouil, dont les autres ont la graine noire. Il en est qui naissent sur les rochers. Ceux-ci sont presque toujours stériles.

Tout le romarin sent un peu le camphre ou l'encens; c'est pour cela qu'on le nomme aussi *encensier*.

L'eau dite de la reine de Hongrie est tirée par la distillation des fleurs et des calices du romarin mis en digestion dans de l'esprit de vin : l'on y ajoute quelquefois les jeunes feuilles pour la rendre plus forte.

Le romarin produit par la distillation une

même manière et par les mêmes procédés que ceux employés pour extraire l'huile de thym. (Voyez à cet égard le chapitre XIV ci-dessus.)

Cette plante n'est point sujette à se pourrir, ni même à se faner, parce qu'elle est naturellement sèche. On peut conséquemment en extraire l'huile en tout temps.

Il est encore une autre marjolaine dont on peut aussi extraire de l'huile : c'est le vrai *marum* ou *la marjolaine de Crète*, qui est une plante aromatique de la famille *des chamadris*. On la trouve en abondance dans la Provence, aux îles d'Hières, autour de Toulon, et dans les environs de la ville de Grasse. Elle est de la hauteur d'un pied ; ses tiges sont ligneuses, blanches, et velues comme celles de thym. Ses feuilles sont semblables à un fer de lance et ressemblent un peu à celles du serpolet. Elles sont d'une saveur très-âcre, et d'une odeur très-aromatique.

Le *marum*, qui croît dans les pays méridionaux, ne nous parvient qu'entièrement desséché.

Cette plante distillée avec de l'eau (ainsi que je l'ai expliqué aux chapitres précédens) fournit beaucoup d'huile essentielle.

ses intérieurement sont spécifiques pour la perte de la parole causée par des indigestions ou des surchargemens d'estomac.

J'ai indiqué, au chapitre XIII du titre II, le moyen de reconnaître la falsification des huiles distillées de *lavande*, de *thym*, etc., que l'on apporte de la Provence et du Languedoc; j'engage les parfumeurs à ne pas négliger ces essais, s'ils veulent conserver leurs *pommades*, *odeurs*, *etc.*

On peut aussi, pour faire de l'huile de lavande, se servir du procédé suivant : vous prenez deux livres de fleurs et de feuilles de lavande que vous écrasez un peu avec le pilon et les mettez dans quatre pintes d'eau. Vous versez le tout dans une cucurbite que vous couvrez bien. Vous mettez ensuite ces fleurs en digestion sur un feu doux et couvert, l'espace de vingt-quatre heures, afin de donner à l'huile le temps de se séparer de la fleur.

Au bout des vingt-quatre heures, vous adaptez le chapiteau, et vous bouchez avec soin toutes les jointures; puis, vous distillez au bain-marie.

Les flegmes couleront d'abord seuls, ensuite ils seront accompagnés d'huile. Lors-

l'Italie l'a fait passer jusqu'à nous. Elle est admirable par sa forme, son odeur et sa durée. Elle ressemble aux jacinthes par sa figure et la découpure de ses tuyaux; mais elle en diffère par l'étendue de ces mêmes tuyaux, qui sont une fois plus grands que ceux de la jacinthe.

La tige de la tubéreuse s'élève de trois à quatre pieds, tandis que celle de la jacinthe reste basse. La jacinthe fleurit au printemps, et la tubéreuse ne fleurit qu'en été et en automne, à moins qu'on ne l'avance à l'aide de la chaleur des couches ou autre.

Il y a des tubéreuses simples et d'autres doubles, elles sont blanches les unes et les autres; mais il serait difficile de dire si les simples ont plus d'odeur que les doubles; l'on aperçoit même que leur arome est égal.

Alors on peut les prendre indifféremment pour la fabrication de l'huile odorante.

Pour extraire l'odeur de la tubéreuse, vous l'infusez dans la meilleure huile, en ayant l'attention d'ôter le vert de la queue de la fleur; vous la laissez infuser pendant vingt-quatre heures, en ayant aussi soin de la remuer trois ou quatre fois dans cet intervalle. Ensuite vous la passez dans un

lève une tige, qui, au printemps, porte à son sommet des fleurs semblables à celles du narcisse ordinaire, mais plus petites, jaunes, et très-odorantes;

La jonquille à petites fleurs, qui ne diffère de la précédente qu'en ce qu'elle est moins grande en toutes ses parties, et qu'elle rapporte moins de fleurs;

Et la jonquille *à fleurs doubles*, différant des autres en ce qu'elle jette beaucoup de fleurs doubles qui ont de la ressemblance avec celles de l'*anémone*.

Etant toutes fortement odorantes (quoique les simples le soient plus que les doubles), elles peuvent toutes recevoir les mêmes destinations.

Pour faire l'huile de jonquille, ou à la *jonquille*, on cueille la fleur de grand matin, parce qu'elle à plus d'odeur et plus de fraîcheur : on la met infuser dans la meilleure huile que l'on puisse avoir, soit l'huile de ben, soit toute autre aussi fine.

On pourrait aussi l'étendre sur des toiles imbibées d'huile que l'on serait obligé de presser après pour en exprimer toute l'huile, lorsqu'elle serait suffisamment imprégnée de l'odeur, ainsi que cela se pratique dans

La fleur du jasmin jaune ne peut pas s'employer pour la composition des huiles; l'on n'en retirerait qu'une odeur insipide.

La fleur du jasmin blanc est au contraire d'une odeur très-suave. Cette odeur est si délicieuse qu'on a tâché de la transporter dans différens fluides.

Les fleurs de jasmin ne produisent point d'eau odorante par la distillation : ainsi ce que l'on appelle *essence de jasmin*, qu'on nous apporte d'Italie, n'est qu'une huile de ben aromatisée par les fleurs de jasmin. Pour y parvenir; l'on imbibe du coton d'huile de ben, et l'on dispose ce coton lits par lits, en les entremêlant d'autant de lits de fleurs de jasmin : le coton s'imbibe de l'odeur. On exprime ensuite l'huile, qui est alors fort aromatique et conserve assez cette odeur, si les flacons sont bien bouchés.

On pourrait, en s'y prenant à peu près de même, faire contracter au sucre une odeur de jasmin.

Pour faire acquérir à l'esprit de vin l'odeur de jasmin, qu'il n'acquerrait pas même par la distillation, il ne s'agit que de verser de l'esprit de vin sur l'huile de ben suffisamment aromatisée avec le jasmin, ensuite

velues, dentelées à leurs bords, d'une odeur de citron-poncire fort agréable, mais d'un goût âcre.

L'huile de citronnelle peut se faire comme celle du romarin, ou comme celle de la lavande.

CHAPITRE XXIV.

Huile de Rose.

La famille des roses est peut-être la plus nombreuse que l'on connaisse. Elle est aussi et conséquemment la plus variée. Néanmoins toutes les roses, à l'exception d'un petit nombre, peuvent être employées pour la composition de l'huile de rose.

Ainsi, quelle que soit la feuille de rose (excepté toutefois la jaune qui est *inodore*), on peut s'en servir. Il faut seulement qu'elle soit fraîchement cueillie et sans humidité.

On compose l'huile de rose en faisant infuser les fleurs dans la meilleure huile possible. On met une demi-livre de fleurs par livre d'huile; on les laisse infuser pendant vingt-quatre heures, en ayant le soin de les remuer pendant ce temps au moins trois ou quatre fois. Ensuite on passe l'huile dans un cane-

tion. Vous les remuez trois ou quatre fois dans le jour. Vous passez l'huile dans un canevas, l'exprimez fortement, renouvelez les fleurs jusqu'à ce que votre huile soit bien odorante ; vous la repassez de nouveau et la clarifiez.

L'on pourrait aussi mettre les fleurs par couches sur des toiles imbibées d'huile; mais je ferai la même observation que pour l'huile de jonquille, et conseillerai l'infusion de préférence à ce procédé.

L'odeur de l'œillet, approchant beaucoup de l'odeur du girofle, si l'on voulait renforcer l'odeur de l'huile d'œillet, l'on pourrait y mettre par livre d'huile un gros d'huile essentielle de girofle. Il faudrait les mêler de manière que les odeurs fussent amalgamées et assez confondues pour ne pouvoir pas être distinguées.

L'on indique, comme un moyen de remplacer l'huile d'œillet, une composition d'huile de jasmin, d'huile de fleurs d'oranger, et d'huile essentielle de girofle. Il n'y a pas de doute que si l'odeur de l'huile de girofle y est assez forte pour que les autres ne fassent guère que la nuancer un peu, l'on ne puisse faire prendre le change. Mais il faut

TITRE X.

De la Fabrication des Savons pour la Toilette, et des Savonnettes.

CHAPITRE Ier.

Fabrication des Savons pour la Toilette.

L'essentiel, pour bien opérer, est d'avoir d'excellent savon, de le purger et de le fabriquer dans la belle saison.

Pour obtenir un savon très-supérieur, il faut le confectionner de la manière suivante :

On prend du savon qu'on coupe par morceaux, et qu'on fait fondre au bain-marie ou à un feu doux, avec de l'eau de rose, de l'eau de fleur d'oranger et du sel fin.

Pour vingt-quatre livres de savon, on prend quatre pintes d'eau de rose, quatre pintes d'eau de fleurs d'oranger et deux bonnes

von pour les savonnettes nommées aux *fines herbes*, avec des eaux distillées de thym, de marjolaine, de lavande, de romarin, de sauge, d'hysope, etc., etc. Le parfum des fines herbes s'y adaptera mieux.

CHAPITRE II.

Autre Manière de fabriquer le Savon pour la Toilette.

On fait fondre, dans trois chopines d'eau, six livres d'excellent savon blanc : quand il est bien fondu, on le passe dans un linge, on le remet de suite dans la chaudière, sur un grand feu, pour le faire monter; on y ajoute une chopine d'eau, une cuillerée de sel, on le tourne et on le fouette jusqu'à ce qu'il gonfle ; alors on le retire un peu du feu en le fouettant toujours, jusqu'à ce qu'il soit assez enflé.

On le remet de nouveau sur le feu en tournant toujours, jusqu'à ce qu'il soit monté. Alors on le retire et on le coule dans une caisse préparée.

Lorsqu'il est pris, on le retire de la caisse et on le coupe par briques, selon la forme

de ne les mettre que dans une juste proportion.

Assez communément, on emploie, pour donner une odeur suave au savon, de l'essence de bergamotte, de citron de Portugal, de l'huile essentielle d'anis ou de fenouil. Cela lui procure une odeur aussi agréable que celui nommé savon de Windsor.

CHAPITRE III.

Des Savonnettes.

L'on prend six livres de savon que l'on coupe le plus mince possible. On le fait fondre dans une chopine d'eau (une pinte si l'on double le savon) dans laquelle on aura préalablement fait bouillir une demi-douzaine de citrons coupés par morceaux et en plus grande quantité si l'on veut. On passe ensuite le tout dans un linge avec expression.

Le savon étant fondu, on le retire du feu, on ajoute trois livres d'amidon en poudre, un filet (ou plus selon la quantité) d'essence de citron; on mêle le tout dans le savon et on le pétrit bien.

Lorsque la pâte est faite, on roule les savonnettes de la grosseur que l'on veut.

Quand elles sont bien épluchées, on les fait sécher, afin de parvenir à les réduire en poudre très-fine.

On mêle cette poudre dans le savon et on le parfume ensuite avec les essences qui lui conviennent le mieux.

Les savonnettes teintes avec du bleu d'indigo, du bois d'Inde, etc., sont aujourd'hui avec raison très-peu recherchées. Elles doivent même laisser à la peau une teinte qui n'est pas naturelle, et qui force de passer à se laver le visage un temps qui pourrait être mieux employé.

Le parfumeur doit calculer son intérêt, et conserver sa réputation de bon fabricant.

Il doit éviter de multiplier les dépenses en ajoutant des herbages inutiles qui ne bonifient pas ses savons, et qui quelquefois font tort au débit, par la crainte que peut concevoir l'acheteur en lisant une si longue nomenclature de plantes, de fleurs, d'essences, etc., de ne pouvoir pas se les procurer à cause de la cherté du prix.

Il est plus avantageux pour un négociant de vendre beaucoup avec un bénéfice modéré, que de vendre peu avec un bénéfice

TITRE XI.

Eaux diverses et Elixirs.

CHAPITRE Ier.

Eau divine.

Pour confectionner cette eau, l'on prend deux gros d'essence de bergamotte, un gros et demi d'essence de citron, huit onces de fleurs d'oranger, quatre pintes d'esprit de vin à trente degrés et sept pintes d'eau, on laisse cette eau cinq ou six jours dans un vase bien bouché, et si elle est un peu trouble on la passe à travers un papier gris. Çela n'est indispensable qu'autant que cette eau ne serait pas très-limpide.

Le parfumeur qui la composera peut se donner le plaisir d'en faire avec une demi-bouteille une grande bouteille de liqueur:

On peut faire de l'eau-de-vie de lavande rouge *aromatique*, en joignant à l'eau-de-vie et à la lavande, de la sauge, de l'hysope, de la véronique, de la rose de Provins, de la mélisse, de l'armoise, de l'aigremoine, de l'absinthe, du fenouil, du baume ; comme on en peut faire de l'*ambrée*, en joignant à la lavande et à l'eau-de-vie différentes sortes de mucs ou d'ambres ; *à la bergamotte*, en y joignant de l'essence de bergamotte ; *à la rose* et à d'autres odeurs, en y joignant des fleurs de rose en quantité dominant la lavande, ou des essences des fleurs dont on veut faire dominer les odeurs.

CHAPITRE III.

Elixir dit de longue Vie.

Pour faire cet élixir, il faut se procurer neuf gros de bon aloès socotrin (1), un gros de racine de gentiane, un gros de safran du Gatinais, un gros de rhubarbe, un gros d'agaric blanc, et deux gros de thériaque.

---

(1) Cet aloès est le plus fort amer que l'on connaisse : c'est pour cela que le peuple dit *amer comme chicotin*, au lieu d'amer comme *socotrin*.

gros d'aloès, deux gros de girofle, trois gros de muscade, une demi-once de safran, un gros de macis, une once de cannelle.

L'on concasse toutes ces substances, et on les met infuser pendant huit jours dans cinq pintes d'esprit de vin à *trente degrés*. Ensuite l'on passe la liqueur dans un linge et l'on exprime fortement le marc.

L'on mêle à cette liqueur seize livres de sirop de capillaire, et une livre d'eau de fleurs d'oranger, puis l'on fouette ce liquide afin de bien mêler toutes les substances, ensuite on le met en bouteilles bien bouchées.

Lorsqu'il est éclairci, on le tire par inclinaison et on le filtre au papier.

Cet élixir est très-recherché et le mérite. L'on peut obtenir par cet élixir un goût plus exquis, en le distillant avant d'y ajouter le sirop de capillaire et l'eau de fleur d'oranger. Le parfumeur pourra s'il le veut, lorsqu'il aura rempli les bouteilles qu'il croira nécessaires à sa vente, conserver un peu de cet élixir et en faire de la liqueur, en ajoutant la quantité de sucre qui lui conviendra.

élixir *odontalgique*. D'où lui vient ce nom de *Greenough?* Il y a tout lieu de penser que c'est le nom de l'auteur qui a composé cette eau, ou *teinture*, ou élixir odontalgique ; car il n'y a ni dans les plantes ni dans les substances aucun individu du nom de *Greenough* (1).

Cette eau ou cet élixir aura été trouvé bon, et l'on se sera appliqué à sa composition, sans s'occuper de connaître l'origine de la dénomination, qui se sera perdue, comme tant d'autres, dans l'obscurité des temps.

Suivant les gens de l'art, cette eau ou cet élixir se fait par trois infusions simultanées. Pour la première infusion, l'on prend trois pintes de vin blanc dans lesquelles on fait infuser trois onces de racine de patience (que l'on épluche et que l'on coupe par tranches) avec deux onces de cochléaria et deux onces de bois de gaiac râpé ;

Pour la seconde, l'on prend six gros de clous de girofle et six gros de cannelle fine,

(1) Il en doit être de même de l'*Eau balsamique de Botot*, dont je connais le nom, et dont je n'ai trouvé la composition dans aucun des ouvrages que j'ai consultés.

L'on en tire de l'huile d'un bleu de saphir d'une odeur douce et agréable.

Des naturalistes assurent qu'elle apaise le mal de tête et guérit des coliques.

CHAPITRE VIII.

Eau de Cerfeuil musqué.

Cette plante n'est pas la même que le cerfeuil que l'on met dans les salades, les herbes, etc.

Ses fleurs ressemblent à la fougère, ce qui fait que quelques personnes ont cru devoir le nommer *fougère musquée.*

L'on extrait de cette plante une essence de musc qui conserve son odeur aussi longtemps que celle qu'on obtient du musc ; elle est cependant moins forte et conséquemment moins susceptible d'attaquer les nerfs.

Je ne dois pas omettre de dire ici que le cerfeuil, plante potagère, étant de sa nature apéritif, rafraîchissant et convenant dans les maladies chroniques, ainsi que dans *celles de la peau*, et conséquemment convenant *pour la parure*, on trouve toujours chez les apothicaires une eau de cerfeuil distillée.

qui l'emploieront en aient toujours en réserve, afin d'en imbiber les cheveux à mesure qu'ils pousseront; sans cela il y aurait une trop grande disparate entre les cheveux et les racines.

Un autre inconvénient qui est encore plus désagréable, c'est que cette eau peut noircir la peau, et que l'on aurait beaucoup de peine à ôter la teinte dont elle s'imprégnerait. Les perruques, si fort en usage aujourd'hui, préviennent ces inconvéniens.

L'on peut à toute force s'en servir pour les sourcils et les paupières, en prenant surtout pour ces dernières les plus grandes précautions.

Je vais indiquer la manière de confectionner cette eau. L'on prend deux onces d'argent vierge que l'on met dans une terrine. L'on y verse trois onces d'acide nitrique de la meilleure qualité. On place ensuite sa terrine à une chaleur forte, afin de parvenir à la dissolution de l'argent.

Lorsqu'il est dissous, et qu'il prend la forme des cristaux, on décante l'acide nitrique, et on ajoute à la dissolution une pinte d'eau distillée de lavande.

plasmes propres à apaiser les douleurs vives et les inflammations.

CHAPITRE XII.

Eau de Morelle.

La morelle des jardins est excellente contre les dartres. Son suc mêlé avec de l'esprit de vin guérit les boutons et toutes les démangeaisons de la peau.

Il faut bien se garder de prendre intérieurement de ces fruits, ils sont très-dangereux; mais l'usage extérieur de toute la plante est très-favorable.

On fait infuser ses feuilles dans de l'eau-de-vie, que l'on distille après, et que l'on peut rendre agréable en y ajoutant un peu d'essence de citronnelle.

CHAPITRE XIII.

Eau de Belle-Dame.

Les Italiens ont donné à cette plante le nom de *bella dona* qui signifie belle dame, et cela, parce que les dames d'Italie font avec le suc ou l'eau distillée de cette plante

CHAPITRE XV.

Eau d'Ache des Montagnes.

Les feuilles de l'ache des montagnes sont faites comme celles de l'ache des marais, mais plus larges.

Cette plante répand une odeur très-aromatique. Sa racine confite dans le vinaigre est un préservatif contre le mauvais air.

On en fait aussi un excellent vulnéraire.

Lorsqu'il vient des boutons dans la bouche, l'on mâche de cette racine infusée dans le vinaigre, et cette incommodité cesse en moins d'une heure.

CHAPITRE XVI.

Eau et Vinaigre d'Angélique (1).

Les racines d'angélique que l'on emploie pour ces deux compositions doivent être choisies avec soin par les parfumeurs.

Celles des Alpes, des Pyrénées et des

(1) Cette plante est ainsi surnommée à cause de sa grande vertu.

nienne est d'ôter les rides du visage, de rendre la peau très-belle (en s'en servant pendant quelque temps soir et matin), de blanchir les dents, de raffermir les gencives et d'empêcher la mauvaise odeur de la bouche.

On la compose, en faisant dissoudre du benjoin, de l'encens et de la gomme arabique, une once de chaque, dans trois pintes d'esprit de vin ; en y ajoutant du girofle, de la muscade, une demi-once de chaque, du pignon (1) et des amandes douces, une once et demie de chaque, de l'ambre et du musc, deux grains de chacun. On pile le tout et on le fait infuser, deux ou trois jours, en le remuant chaque jour une ou deux fois. On y ajoute ensuite trois demi-setiers d'eau de rose, et on le distille pour en obtenir deux pintes et demie.

Dans le cas où l'eau serait trop spiritueuse, on la couperait avec un peu d'eau très-pure.

(1) Le pignon est le noyau de la pomme de pin, qui est doux, agréable, et d'une substance grasse et huileuse.

c'est au bain de vapeur, qui serait encore préférable à celle au bain-marie. L'action du feu sur le vaisseau ou l'alambic dont on se sert faisant bouillir l'eau, la chaleur qui le frappe fait élever les parties les plus volatiles et les sépare des parties grossières.

Il faut éviter avec soin que l'ébullition soit trop forte, dans la crainte que la distillation ne perce les jointures du vase ou de l'alambic, et qu'elle ne s'évapore, lorsqu'il faut que tout soit exactement concentré.

Par la distillation l'on tire de l'eau-de-vie l'esprit de vin, qui est la base des extraits, des essences et des esprits.

L'esprit de vin est la partie de l'eau-de-vie distillée dont on a tiré la partie flegmatique qui lui était restée après la première distillation.

L'esprit de vin *rectifié* est celui que l'on a repassé une fois ou deux à l'alambic, pour le débarrasser totalement de ses flegmes et lui donner plus de degrés.

Pour bien faire cette rectification ou ce repassage de l'esprit de vin à l'alambic, lorsque l'on en a retiré à peu près les deux tiers, selon sa force, l'on ôte ce qui reste de l'a-

Pour cette opération, on prend deux pintes d'esprit de vin rectifié, dans lesquelles on met deux livres d'huile ou deux livres de pommade double, soit à la rose, soit au jasmin, ou aux autres odeurs que l'on a en huile ou en pommade; on laisse ces objets infuser environ quinze jours en été et hors la présence du soleil, en ayant surtout le soin de les remuer tous les deux jours. Au bout de ce temps, on retire l'esprit de dessus l'huile ou la pommade.

On remet sur l'huile ou sur la pommade, en deuxième infusion, une pinte et demie d'esprit de vin rectifié. On fait infuser de la même manière et pendant le même temps.

Cette dernière infusion fait alors d'excellent esprit de fleurs, si l'huile ou la pommade était de bonne qualité.

CHAPITRE III.

Extrait de Rose.

Dans trois pintes de bon esprit de vin, l'on fait infuser deux gros d'huile essentielle de rose, pendant quinze jours au moins, en

TITRE XIII.

Des Essences et des Esprits.

CHAPITRE Ier.

Des Essences en général.

L'essence est une sorte d'huile remplie d'une senteur fort agréable. On la tire du jasmin, de la fleur d'oranger, et des différentes plantes fortes et odorantes.

En général, on entend par essence ce qu'il y a de plus pur et de plus subtil dans les corps dont on fait les extraits par le moyen du feu. Avec deux ou trois gouttes d'essence on peut faire une bouteille d'hypocras (1).

(1) L'hipocras est un breuvage fait avec du vin, du sucre et de la cannelle. Il est chaud et bon à l'estomac.

Les parfumeurs faisaient autrefois un très-grand usage de l'ambre gris ; il est même encore aujourd'hui préféré au musc.

L'ambre abonde en parties huileuses, ténues et volatiles. L'on en fait des essences qui conservent leur aromate très-long-temps; il est de plus très-utile pour fortifier le cerveau, l'estomac, et il donne plus de vivacité au sang.

La vertu la plus essentielle de l'ambre gris est d'être antispasmodique et calmant ; il procure du soulagement dans les affections vaporeuses, convulsives, et autres maladies du genre nerveux. On peut le faire prendre intérieurement en petite quantité.

CHAPITRE III.

Essence d'Ambre jaune ou Succin.

Le succin se dissout dans l'esprit de vin, dans l'huile de lavande, et même dans l'huile de lin, mais difficilement lorsqu'il n'a pas été torréfié.

Le succin ou ambre jaune, exposé à l'air libre ou dans l'eau, n'éprouve aucune alté-

CHAPITRE IV.

Essence de Myrte.

Le moyen de composer cette essence est très-simple.

On prend deux onces de feuilles de pêcher, la moitié d'une muscade concassée, que l'on distille au bain-marie de l'alambic.

On met ensuite dans ce que l'on a obtenu par la distillation une demi-livre de fleurs de myrte que l'on laisse infuser pendant quatre jours dans de bonne eau-de-vie.

On peut mêler cette essence aux savonnettes.

CHAPITRE V.

Essence de Sauge.

Cette plante doit être estimée et recherchée par les parfumeurs, en ce que l'essence qu'ils en peuvent retirer leur sera très-utile pour mêler avec les autres aromates qu'ils emploient pour les eaux, les pots-pourris, les pommades, etc.

Cette plante a aussi beaucoup d'autres qualités essentielles : elle est très-cordiale.

plantes que donne la nature. On pourrait citer des prodiges qu'elle a faits.

CHAPITRE VI.

Essence de Cédrat.

Cette essence se prépare sans feu. Elle est cordiale, stomacale, céphalique. La dose est depuis une goutte jusqu'à six.

Voyez au titre suivant, chap. V, l'*Essence d'Estragon.*

CHAPITRE VII.

Esprit de Girofle.

Je me suis déjà expliquée sur la nature des clous de girofle (ou gérofle), sur leur origine, leur forme, leur qualité, leur couleur, sur l'huile qu'ils fournissent par l'expression ou la distillation, sur l'emploi qu'on peut en faire : je ne me répéterai pas à cet égard.

L'on peut faire la distillation des clous de girofle à feu nu ou au bain-marie. Celle à feu nu est plus prompte, mais elle demande plus d'attention ; celle au bain-marie, quoi-

l'essence de diverses fleurs, l'on emploie l'expression ou la distillation soit au bain-marie, soit à feu nu. Le bain-marie est indubitablement préférable, comme étant plus sûr, et évitant le danger de brûler les substances.

En prenant de l'esprit de vin rectifié et en y mettant de l'huile, soit à l'œillet, au jasmin, ou à la rose, etc., la quantité d'huile égale à celle de l'esprit de vin, et en la laissant infuser pendant quinze jours à l'abri du soleil, si c'est l'été, et en remuant les substances tous les deux jours, en séparant l'esprit de l'huile quand elle est bien reposée, vous avez un bon esprit de l'odeur que vous avez voulu avoir.

Pour lui donner plus de force, vous y ajoutez trois ou quatre gouttes d'essence de musc et autant d'essence d'ambre.

Voulez-vous faire de l'esprit de safran, ou de cannelle, ou de rhodia, de storax, de baume de Tolu, de baume du Pérou, de vanille, de badiane, ou de sassafras? Dans une pinte d'esprit de vin fin vous faites infuser, pendant deux mois, deux onces de safran, ou quatre onces de cannelle, ou une demi-livre de bois de Rhodes, ou quatre onces de

TITRE XIV.

Matières diverses (1).

CHAPITRE Ier.

Opiat pour la Conservation des Dents.

L'on prend pour faire cet opiat deux onces de crème de tartre, deux onces de pierre ponce, une demi-once d'alun calciné, une demi-once de cochenille, de l'huile de bergamotte et de girofle, de chacune trente grains, et du sirop de sucre ou du miel, en quantité proportionnée.

Après avoir réduit toutes ces substances en poudre très-fine, vous y ajoutez les essences et le sirop de sucre ou le miel, afin d'obtenir une bouillie un peu épaisse que vous mettez dans un grand pot; je dis grand, parce qu'il s'établit au bout de quelques jours un bour-

(1) Voyez leur nomenclature à la table.

puisse désirer, un moyen ou remède, c'est la cataracte des yeux.

Tant que la cataracte n'est pas noire, elle elle est susceptible de guérison; si elle est noire, elle ne peut plus se guérir.

Le moyen ou le remède indiqué pour sa guérison est le fiel de la grenouille de mer appelée aussi *le pêcheur*. Il n'y a pas de doute que le parfumeur qui saurait préparer ce fiel, et qui parviendrait à guérir les cataractes avec ce moyen, rendrait de grands services et obtiendrait un grand débit.

La grenouille des bois a la réputation de tempérer l'ardeur de la fièvre, comme la grenouille de mer passe pour être propre à guérir les cataractes.

CHAPITRE IV.

Pastilles odorantes pour brûler.

L'on prend une demi-once de benjoin, un gros de sautalon cascarille, deux onces de

---

cristaline de l'œil, qui a entièrement perdu sa transparence, et qui est devenue opaque, si non dans toute sa masse, au moins dans une partie de son épaisseur.

utile pour chasser le mauvais air et parfumer les appartemens.

L'on compose encore d'autres pastilles qui sont chargées de beaucoup plus d'ingrédiens, mais dont les résultats sont les mêmes.

Pour celles-ci l'on prend une demi-once de benjoin, quatre ou cinq grains de storax calamite, deux gros de baume sec du Pérou, autant de cascarille que de storax calamite, un demi-gros de girofle, une once et demie de braise de charbon, un gros de nitre, un demi-gros d'huile essentielle de fleur d'oranger, et un demi-gros de teinture d'ambre gris.

CHAPITRE V.

Essence d'Estragon.

Toutes les eaux ou essences qui peuvent donner de la salubrité à l'air doivent être recherchées par les parfumeurs.

Parmi les plantes dont on tire soit de l'huile, soit de l'essence, l'estragon est du nombre de celles qui ont des qualités essentielles. Je n'entends point parler de l'usage que l'on en fait dans les cuisines, mais de celui que doit en faire le parfumeur.

hommes même septuagénaires qui, s'étant fatigué la vue par de longs travaux, l'ont recouvrée en faisant usage du suc exprimé de cette plante, et en l'introduisant dans le coin de l'œil.

Elle est facile à connaître : elle pousse une ou plusieurs tiges; ses feuilles sont petites, veinées, luisantes, d'un vert foncé et d'un goût amer.

CHAPITRE VII.

Curcuma, ou Safran des Indes, ou Terra merita.

Cette plante est si familière aux Indiens, que l'on trouve à peine un jardin où elle ne soit cultivée.

Ils l'emploient avec des fleurs odorantes dans les pommades avec lesquelles ils se frottent tout le corps.

Les Anglais et les Portugais en font un assez fort commerce.

Il est essentiel qu'un fabricant connaisse la forme et les propriétés des plantes qu'il emploie dans ses parfums, essences, pom-

CHAPITRE VIII.

Pâtes d'Amandes pour la Toilette.

L'on doit choisir des amandes douces, sans taches, et n'ayant aucun goût aigre ni échauffé.

Il faut commencer par les cribler afin de leur enlever la poussière et les ordures provenant de la peau qui les couvre, celle qui se détache étant susceptible de produire une poussière qui serait nuisible à la pâte.

Cette opération bien faite, vous les passez au moulin, et lorsqu'elles sont réduites en poudre, vous les mettez dans des toiles propres à cet usage, que vous placez sous presse, afin d'en obtenir l'huile qu'elles contiennent.

Cette opération se fait par gradation; vous serrez votre presse petit à petit pour laisser couler l'huile sans effort en commençant. Au bout de quelques jours vous la serrez de nouveau, et réitérez ce travail jusqu'à ce qu'il ne reste plus d'huile; alors vous ôtez les amandes, les pilez ensuite, ou les passez dans un tamis clair.

écraser les grumeaux qui pourraient s'y trouver. L'on y ajoute encore trois onces d'essence, plus ou moins, selon la force des essences.

L'on distingue deux espèces de pâte d'amandes : la grasse, qui s'emploie sans eau ; et celle en poudre, qui s'emploie avec de l'eau.

CHAPITRE X.

Pâte d'Amandes au Miel.

L'on délaie dans un mortier un peu d'huile d'amandes amères, avec douze onces de bonne pâte d'amandes douces, en évitant cependant de la rendre trop claire ; on y ajoute vingt onces de bon miel, et on tourne ce mélange sans y mettre de l'huile ; ensuite, on prend une douzaine de jaunes d'œufs frais que l'on délaie avec six cuillerées d'huile d'amandes amères.

Après avoir bien tourné et lié la pâte, on ajoute encore huit onces d'huile d'amandes amères, et on tourne de nouveau la pâte pour lui faire boire l'huile, en continuant toujours d'y verser de l'huile à la même dose et à la même distance de temps.

CHAPITRE XII.

Pâte de Cachondé.

C'est une pâte fort agréable au goût et qui donne une bonne haleine : elle est composée de cachou, de graines de bangue, de calamus, et d'une terre argileuse farinacée, appelée *masquiqui.*

L'on fait un très-grand éloge de cette composition ; on lui attribue même les avantages de prolonger la vie : enfin c'est, selon les plus fameux naturalistes, un remède vraiment royal.

Les Chinois, et surtout les Japonais, en mâchent continuellement et en offrent à ceux qui leur rendent visite, de même que les Indiens font à l'égard du *cachou* et du *bétel.*

Ce sont les Hollandais qui importent cette pâte en France.

CHAPITRE XIII.

Lait d'Amandes simple.

Le lait d'amandes est aussi du domaine du parfumeur. Je dis que le lait d'amandes

sus deux pintes d'eau bouillante. On laisse infuser le mélange pendant vingt-quatre heures, ensuite on y ajoute une pinte d'esprit de vin à trente degrés ; on le laisse encore infuser vingt-quatre heures en l'exprimant légèrement.

Cette eau est très-recherchée à cause de ses qualités essentielles.

Les Allemands en font un grand usage : ils l'ont surnommée *la thériaque des gens de la campagne*.

L'on peut faire avec le genièvre une boisson très-salutaire et propre à soulager les asthmatiques.

Il faut conserver les grains de genièvre, les faire sécher, et s'en servir pour les brûler lorsque l'on est atteint d'exhalaisons malfaisantes.

CHAPITRE XV.

Pastilles de Cachou.

L'usage du cachou a été long-temps très-répandu en France, puis négligé, et enfin il a repris sa première réputation.

Le cachou était nommé dans les premiers

répandu. Les grands du pays ne sortent point sans en avoir des pastilles dans la bouche. Ils y mêlent du bois d'aloès, du musc, de l'ambre et quelques autres aromates.

Ce sont les Hollandais qui l'apportent de l'Inde en Europe ; ils en font des pastilles de différentes figures, qu'ils confectionnent dans la ville de Goa.

En France, on est parvenu à perfectionner ces pastilles, en les amalgamant avec du sucre, de l'ambre et un peu de cannelle. On en fait aussi à la fleur d'oranger, à la rose, à la violette et à la vanille.

Celles d'ambre ne sont presque plus en usage, parce qu'elles sèchent trop la bouche.

Lorsque le parfumeur veut confectionner des pastilles de cachou, il faut qu'il ait la précaution de faire fondre le sucre ; puis, après avoir pulvérisé le cachou, le bien battre, et y ajouter les essences qui sont le plus en vogue.

Les pastilles de cachou bien préparées doivent avoir la préférence sur toutes les autres ; elles sont pectorales et ne sont nullement malfaisantes.

Après qu'elle est refroidie et que son huile est égouttée, on la retire et on la refond, jusqu'à ce qu'elle soit bien purifiée et très-blanche. On la coupe ensuite en écailles, telle qu'on la trouve dans le commerce.

Le plus beau blanc de baleine est en écailles blanches, claires, transparentes, d'une odeur sauvagine.

On reconnaît facilement s'il est falsifié avec de la cire, à son odeur, à son blanc mat et à son peu d'épaisseur.

L'on conserve ce blanc dans des vaisseaux bien fermés, parce que le contact de l'air le rend jaune et lui donne une odeur rance.

On l'emploie comme cosmétique dans le fard (le rouge) et dans les pommades pour adoucir la peau et embellir le teint.

Le blanc de baleine est aussi un des meilleurs remèdes pour la poitrine, il en adoucit les âcretés et consolide les ulcères; appliqué extérieurement, il est adoucissant, émollient et consolidant.

CHAPITRE XVIII.

Taffetas d'Angleterre.

Cette espèce d'emplâtre est devenue très

quefois si rouges qu'il s'ensuit une douloureuse inflammation.

Pour y remédier l'on a soin de se munir d'une eau que le parfumeur doit faire et annoncer comme souveraine.

Elle se compose ainsi : eau de rose, quatre onces; sulfate de zinc ou vitriol blanc, douze grains; essence de myrrhe, quatre onces. On laisse infuser ces odeurs pendant quatre jours; ensuite on filtre au papier gris cette eau, et on la met dans des flacons bien bouchés. C'est un des meilleurs remèdes contre les inflammations produites par la poussière.

CHAPITRE XX.

Esprit de Vin.

Il est essentiel pour la confection des eaux *fines odorantes* d'avoir d'excellent esprit de vin. On l'appelle esprit *rectifié*, quand il a été passé une ou deux fois à l'alambic pour le débarrasser totalement de l'eau, et lui donner plus de degrés.

Il est essentiel de n'employer que de très-bonne eau-de-vie pour en obtenir un

Ce sont l'encens, la myrrhe, le benjoin, le storax, le laudanum, le baume blanc, le storax liquide.

Si le parfumeur peut se procurer de ces parfums à bon compte, il pourra en avoir pour ceux qui tiennent beaucoup aux parfums étrangers ; cependant ceux qui composent des parfums d'Europe obtiennent bien plus souvent un succès au moins égal à celui des Indes.

Nos parfums d'Europe se fabriquent avec des fleurs de lavande, de jasmin, de thym, de romarin, de rose, de menthe, de baume, de marjolaine, des citrons piqués de clous de girofle, de la noix muscade coupée par morceaux; on aromatise ce mélange d'un peu d'huile essentielle de bergamotte.

L'on éprouve souvent en France, et surtout dans les départemens méridionaux, que les fleurs qui ornent les parterres des jardins communiquent à l'atmosphère une vapeur aussi douce, aussi délicieuse que les odeurs qu'un vent chaud fait exhaler des plaines aromatiques de l'Arabie.

L'on sait que le nom de parfum a été donné à une composition odoriférante formée de la réunion de tout ce qui rend une odeur

CHAPITRE XXII.

Le Calamus aromatique vrai, ou Roseau aromatique.

Beaucoup de gens confondent *le véritable calamus* avec l'*acorus* de la première espèce : cependant ces substances diffèrent beaucoup l'une de l'autre. Il suffit de les examiner et de les comparer pour s'en convaincre.

L'*acorus* est une racine, le *calamus* est un roseau aromatique; loin d'être une racine, il est au contraire une plante creuse comme un chalumeau et grosse comme une plume, d'un jaune pâle en dehors, blanche en dedans, contenant une substance d'une odeur très-agréable.

Les Hollandais nous l'apportent des Indes et d'Egypte, toujours sec, en petites bottes, hautes de deux ou trois pieds, faciles à casser. Ses fleurs sont aux sommités de la tige et des rameaux, disposés en bouquets jaunes, auxquels succèdent de petites capsules oblongues pointues et noires, qui contien-

CHAPITRE XXIV.

Des Éponges (1).

La couleur de l'éponge de rivière, quand on la tire de l'eau, est d'un vert tirant sur le jaune.

D'après les observations des naturalistes, que les éponges tirées de l'eau en juillet n'ont pas encore acquis leur maturité, il faut attendre la fin d'août pour qu'elles soient susceptibles de se conserver.

Pour avoir ce que l'on nomme dans le commerce des éponges fines, il faut prendre le soin de les tremper dans de l'eau pen-

(1) L'éponge, qui ne paraît pas avoir de racine, a pour base une espèce de plaque très-large dont elle tapisse les corps sur lesquels elle croît, à peu près de même que certaines espèces de mousse. Cette plaque tient fortement à ces corps; elle y est collée par le moyen d'un mucilage dont toute cette plante est remplie. Il s'élève de cette plaque des branches disposées à peu près de même que celles du corail. Ces branches ont la longueur de deux, trois ou quatre pouces, et deux ou trois lignes de diamètre; elles sont comme inégales et raboteuses,

parterres sont dégarnis des fleurs qui les embellissaient, l'on cherche à se faire illusion en remplaçant les fleurs vivaces par des fleurs artificielles.

Les fabricans de fleurs ont poussé leur art presque à la perfection par l'imitation exacte de la nature. Il ne manque, pour rendre les fleurs parfaites, que de leur communiquer les parfums qui les font rechercher.

C'est au parfumeur qu'il appartient de procurer ce complément.

Pour y parvenir, il faut que, dans la belle saison, il confectionne des essences de rose, de jonquille, de tubéreuse, d'œillet, d'œillet-muscade, de jacinthe, de violette, de giroflée jaune, blanche et rouge, etc., afin de pouvoir aromatiser les représentations de la belle nature.

Je ne fais aucun doute que cette opération du fabricant lui serait très-profitable, en ce que les personnes condamnées par état, ou par un goût dominant que leur fortune peut satisfaire, se procureraient de ces bouquets bien confectionnés qui flatteraient tout à la fois la vue et l'odorat.

Les soirées d'hiver par ce moyen feraient

on enveloppe le tout dans des sachets de toile un peu serrée.

Ces sachets se mettent dans l'eau quand le bain est chaud, et la personne qui se baigne peut les y laisser tout le temps qu'elle y reste elle-même.

Ces sachets donnent une fraîcheur à la peau : cela suffit pour *les mettre en vogue*.

CHAPITRE XXVII.

La Sariette.

Cette plante vient aisément dans toutes sortes de terre; elle forme une touffe arrondie d'un pied de hauteur ; elle est recherchée en médecine et peut donner une eau odorante. L'on en tire aussi une huile essentielle : sa décoction, injectée dans les oreilles, est bonne pour les affectious soporeuses.

Son eau distillée est utile pour les gargarismes, le relâchement de la luette, et pour les inflammations des amygdales.

Ses feuilles séchées conservent celles que l'on emploie pour la confection des sachets odorans; on peut même faire des sachets seulement avec les fleurs et les feuilles de la

le long des chemins et dans les endroits humides.

Elle est en vigueur pendant tout l'été, conséquemment on peut s'en procurer facilement. On l'infuse dans du vinaigre avec une poignée de feuilles de rose et une poignée de sel gris. Ce vinaigre est excellent pour se laver après avoir fait sa barbe ; il cicatrise même les coupures que peut faire le rasoir.

L'on s'en frotte les mains, et l'on applique un cataplasme des feuilles infusées sur les poireaux qui viennent aux mains ; elle les fait passer promptement. Elle est aussi très-salutaire pour les écorchures et pour guérir les envies qui poussent lorsque l'on a mal coupé ses ongles, ou par quelque autre cause.

CHAPITRE XXX.

Eau anti-scorbutique.

Cette eau se compose de cochléaria, de cresson, de capucine, de beccabunga, de berle, de nummulaire, de fumeterre, de pimprenelle, de passerage, de grains de moutarde pilés, de citron, de grenade, et de la semence d'encolie.

et on le met sur le front en l'inclinant sur l'orbite de l'œil, mais de manière qu'il ne passe pas la paupière.

CHAPITRE XXXII.

Huile composée de Girofle, de Vanille, d'Orange, d'Œillet et de Jasmin.

Ce sont les Hollandais qui apportent en France le girofle et la vanille ; ces deux plantes sont utiles sous beaucoup de rapports, mais particulièrement au parfumeur, qui en tire des essences et des huiles très-recherchées.

Il faut qu'il évite d'employer la vanille que l'on récolte à Saint-Domingue, qui est beaucoup moins odorante.

Par le moyen de l'esprit de vin, l'on extrait toute la partie résineuse et odorante de ces plantes. Quelques cuillerées de ces essences donnent une odeur et une saveur des plus agréables.

On sait que l'usage du girofle est très-commun en France. Les Hollandais assurent que les rois et les grands des îles Moluques l'estiment jusqu'à la superstition.

Ils peuvent aussi répandre sur des éponges des essences de rose, d'œillet, de tubéreuse, etc., et lorsqu'elles sont bien sèches, les enfermer dans des boîtes avec les gants; ils sont en état, par ce moyen, de contenter les goûts de ceux qui désirent en porter, et ne point augmenter leurs dépenses.

Quant aux peaux grasses, je ne conseillerai jamais à un parfumeur d'en confectionner, soit pour des bandeaux ou autres usages. Cette dépense serait en pure perte, la coutume de s'en servir étant surannée.

CHAPITRE XXXIII.

Houpes de Cygne.

J'ai dit dans la préface que l'usage de la poudre pour décorer la tête reviendra indubitablement. N'y eût-il que quelques personnes qui continuassent de l'employer, comme il en est toujours, il faut au parfumeur des houpes qu'il puisse leur vendre pour se poudrer.

C'est avec le duvet du cygne que se composent communément ces houpes.

d'aucune utilité pour la table ; il est même d'une digestion difficile ; il semble n'être destiné par la nature qu'à la satisfaction de la vue ; cependant sa graisse, mêlée avec du vin, dissipe les taches de rousseur : sous ce rapport, il rentre encore dans les objets de commerce du parfumeur.

Peut-être le cygne n'est-il de difficile digestion que parce qu'on le tue vieux, que ce n'est qu'à regret qu'on le détruit, et qu'alors sa chair devient dure. J'aime mieux que l'on conserve cette idée que si l'on en prenait une autre, et que l'on mangeât souvent ces oiseaux dont l'aspect est si agréable.

Le cygne, qui est blanc au point que sa blancheur a passé en proverbe, ne l'est pas en naissant ; son plumage est d'abord cendré, avec quelques nuances de jaune dans la première année, et ce n'est qu'au bout d'un an qu'il acquiert sa blancheur. Ainsi l'on se tromperait si l'on croyait que l'on prend ces oiseaux de très-bonne heure pour avoir le duvet blanc avec lequel on fait des houpes : ils ne peuvent pas avoir moins d'un an lorsqu'ils ont acquis leur blancheur éclatante.

La peau du cygne, étant recouverte d'une grande quantité de duvet, est d'usage contre

en un court espace de temps finir par n'avoir plus de dents dans la bouche; précaution qui est aussi désagréable qu'elle est périlleuse, puisque le défaut de dents empêche la bonne mastication, conséquemment la bonne digestion des alimens, et qu'elle peut entraîner toutes les conséquences d'une mauvaise digestion.

L'on n'a pas le même danger à courir avec le seul usage de l'éponge, et, par son emploi fréquent, l'on peut obtenir le même secours que l'on veut avoir de la brosse.

Si quelques personnes n'étaient pas dans le cas de se fâcher du conseil qu'on leur donnerait, parce qu'elles croiraient que l'on s'aperçoit qu'il leur manque des dents, je dirais au parfumeur qu'il est de son devoir de leur en donner l'avertissement; mais, comme il n'est pas obligé de rien faire qui préjudicie à son commerce, il peut se contenter de vendre les brosses et éponges aux personnes qui les lui demandent. C'est à ceux qui ont besoin du conseil à le chercher dans cet ouvrage.

Le parfumeur doit en avoir seulement avec des éponges, et, en les offrant, annon-

essences, avant de le manipuler, est parfaitement sec, et qu'il peut être mis en poudre la plus fine, qu'il y est converti.

Si, au lieu de l'aromatiser de la sorte, l'on y eût mis seulement des essences mélangées (ce qui aurait produit le même effet), quand il serait devenu parfaitement sec et réductible en poudre très-fine, on le convertirait de même.

Cette poudre est particulièrement destinée pour la barbe; l'on n'en met qu'une petite dose dans un verre d'eau. Les dames peuvent l'employer pour le lavage des mains; elle ne saurait manquer de les adoucir et de les parfumer d'une senteur très-agréable.

Cette poudre semble gagner de la force au lieu d'en perdre par le temps.

Celle à laquelle a été mêlé l'ambre ou le musc est peut-être trop forte, et, flairée de près, elle pourrait causer un violent éternuement.

CHAPITRE XXXVI.

Extrait et Eau de Chèvre-feuille.

Le chèvre-feuille est un arbrisseau grim-

dedans, et d'une couleur écarlate en dehors, commence à fleurir au mois de mai, et a encore des fleurs en automne; mais ses fleurs sont sans odeur : il en est de même du chèvre-feuille de Candie.

On fait l'extrait de l'odeur du chèvre-feuille par expression, et on fait de l'eau de chèvre-feuille par distillation.

Le suc exprimé des feuilles de chèvre-feuille est vulnéraire et détersif : on le recommande pour les vices de la peau; et l'eau distillée de ses fleurs est utile pour l'inflammation des yeux.

On voit que, sous ces deux rapports, le chèvre-feuille appartient à la parfumerie.

CHAPITRE XXXVII.

Extrait des Fleurs de l'Epine blanche.

Les épiniers sont de plusieurs sortes; le noir, qui fleurit à la fin de mars; le blanc qui fleurit à la fin d'avril et au commencement de mai; et le rose, qui fleurit aux mêmes époques que le blanc.

Parmi les épiniers blancs, il en est qui

CHAPITRE XXXVIII.

Extrait de Pois de senteur.

Les pois de senteur, qui prennent leur dénomination de leur propre qualité, ont une odeur forte, pénétrante et suave.

Il en est de roses, de blancs, de rouges et de violets; ils ont tous une odeur égale.

Ils commencent à fleurir en mai, et, en les semant à des intervalles successifs, on peut en avoir une grande partie de l'année; l'on est, en conséquence, à même de faire de l'extrait des pois de senteur pendant assez long-temps.

Cet extrait se fait, comme les autres, par expression.

Il est peu d'odeurs qui soient plus agréables que celle de ces pois.

Le parfumeur ne doit pas négliger de s'en approvisionner, parce qu'il ne peut manquer d'en obtenir un débit facile.

CHAPITRE XXXIX.

Fard et Rouge.

Le nom de fard se donne à toute composition, soit de blanc, soit de rouge, dont

que l'on tire de la cochenille, insecte vivipare qui s'attache aux feuilles de diverses plantes, que les Indiens ramassent avec beaucoup de soin (1).

Dans le commerce, on vend, sous le nom de *bezetta*, du crêpon ou du linon très-fin teint avec de la cochenille. Les meilleurs viennent de Constantinople et sont d'un rouge très-vif: on les contrefait à Strasbourg. Les dames s'en servent quelquefois pour se farder après l'avoir un peu trempé dans l'eau.

Le rouge s'applique légèrement sur la figure avec du coton ou un petit tapon de mousseline, et s'étend avec le doigt.

Le carmin se fait aussi en mettant de la cochenille moulue dans de l'eau en ébullition, qu'on laisse bouillir une demi-heure, et à laquelle on ajoute une légère lessive alcaline faite avec de la cendre de soude pulvérisée, que l'on fait bouillir, et du sulfate d'alun bien pulvérisé et passé au tamis, que l'on remue avec un pinceau pour faciliter la

---

(1) La cochenille peut conserver pendant plus de cent trente ans sa partie colorante, sans aucune altération.

leures fabriques, dont il a et doit avoir la connaissance particulière.

Du nombre de ces objets sont les brosses à peignes, les brosses pour les ongles, les brosses à tête, les peignes pour les moustaches, les favoris et les sourcils, les peignes pour décrasser la tête; ceux à accommoder les cheveux, les jarretières de toutes façons, les bretelles assorties, les bracelets élastiques, les cure-dents, les calottes de papier brouillard, etc.

Quoique je vienne de dire que beaucoup d'objets ne sont pas faits par lui, ce n'est pas qu'il lui soit défendu de les fabriquer lui-même, car, sans doute, dans la nomenclature que je viens de donner, il en est plusieurs qu'il peut faire comme les feraient les fabricans; mais, en lui recommandant de les prendre dans les meilleures fabriques, je le dis par respect pour les divers états, afin que chacun tire du sien tout le produit qu'il en doit avoir, et aussi parce qu'il a assez d'occupation de toutes ses manipulations, et qu'il ne faut pas qu'il en soit distrait facilement.

FIN.

Pages.

Pages.

FIN DE TA TABLE.

ÆRRATA. — Page 90, ligne 19, après *Chapitre*, lisez *X*.

sciences qu'il n'est plus permis d'ignorer ! aussi les Traités de ce genre sont-ils aujourd'hui dans les mains des Artisans et dans celles des Gens du Monde. Mais on a généralement reconnu que la cherté de ces sortes de livres est un grand empêchement à leur propagation, et que la rédaction n'a pas toujours la clarté et la simplicité nécessaires pour faire pénétrer promptement dans l'esprit les principes qu'ils exposent. C'est pour remédier à ces deux inconvéniens que nous avons entrepris de publier, sous le titre de *Manuels*, des Traités vraiment élémentaires, dont la réunion formera une Encyclopédie portative des Sciences et des Arts, dans laquelle les Agriculteurs, les Fabricans, les Manufacturiers et les Ouvriers en tout genre, trouveront tout ce qui les concerne, et par là seront à même d'acquérir à peu de frais toutes les connaissances qu'ils doivent avoir pour exercer avec fruit leur profession.

Les Professeurs, les Élèves, les Amateurs et les Gens du Monde pourront y puiser des connaissances aussi solides qu'instructives.

Plusieurs de nos Manuels sont arrivés en peu de temps à plusieurs éditions; un si grand nombre est une preuve évidente de leur utilité : aussi sommes-nous décidés à en continuer la publication avec toute la célérité possible, la rédaction des volumes à faire paraître est fort avancée, et nous croyons pouvoir promettre que cette intéressante Collection sera terminée avant peu.

La meilleur preuve que nous puissions donner de l'utilité et de la bonté de cette Encyclopédie populaire, c'est le succès prodigieux des divers traités parus et les éloges qu'en ont faits les journaux.

Cette entreprise étant toute philanthropique, les personnes qui auraient quelque chose à faire parvenir dans l'intérêt des Sciences et des Arts, sont priées de l'envoyer *franco* à M. le *Directeur de l'Encyclopédie in-18*, chez Roret, Libraire, rue Hautefeuille, au coin de celle du Battoir, à Paris.

Tous les Traités se vendent séparément. Un grand nombre est en vente; les autres paraîtront successivement. Pour les recevoir franc de port on ajoutera 50 centimes par volume in-18.

MANUEL DU BANQUIER, DE L'AGENT DE CHANGE ET DU COURTIER, contenant les lois et règlemens qui s'y rapportent, les diverses opérations de change, courtage et négociations des effets à la Bourse; par M. PEUCHET. Un vol. 2 fr. 50 c.

— **DU BONNETIER ET DU FABRICANT DE BAS**, ou Traité complet et simplifié de ces arts, par MM. V. Leblanc et Préaux-Caltot Un vol. orné de planches. 3 fr.

— **DE BOTANIQUE**, contenant les principes élémentaires de cette science, la *Glossologie*, l'*Organographie* et la *Physiologie végétale*, la *Phytothérosie*, l'*Analyse* de tous les systèmes, tant naturels qu'artificiels, faits sur la distribution des plantes, depuis *Aristote jusqu'à ce jour*; et le développement du système des familles naturelles; par M. BOITARD. *Deuxième édit.* Un vol. orné de planch. 3 fr. 50 c.

—**DE BOTANIQUE**, *deuxième* partie, **FLORE FRANÇAISE**, ou Description synoptique de toutes les plantes phanérogames et cryptogames qui croissent naturellement sur le sol français, avec les caractères des genres des agames et l'indication des principales espèces; par M. BOISDUVAL. Trois gros vol. 10 fr. 50 c.

ATLAS DE BOTANIQUE, composé de 120 planches, représentant la plupart des plantes décrites dans l'ouvage ci-dessus. Prix, figures noires, 18 fr. Figures coloriées. 36 fr.

MANUEL DU BOTTIER ET DU CORDONNIER, ou Traité complet de ces arts; par M. MORIN Un vol orné de pl. 3 fr.

— **BIOGRAPHIQUE**, ou Dictionnaire historique abrégé des Grands Hommes; par M. JACQUELIN, et revu par M. NOEL, inspecteur général des études. Deux vol. 6 fr.

— **DU BOULANGER, DU NÉGOCIANT EN GRAINS, DU MEUNIER ET DU CONSTRUCTEUR DE MOULINS.** *Deuxième édition*, entièrement refondue par MM. JULIA DE FONTENELLE et BENOIST. Un gros volume orné de planches. 3 fr. 50 c.

— **DU BRASSEUR**, ou l'Art de faire toutes sortes de bières, contenant tous les procédés de cet art; traduit de l'anglais de ACCUM, par M. RIFFAUT. *Deuxième edition*, revue, corrigée et augmentée. Un volume 2 fr. 50 c.

— **DE CALLIGRAPHIE**, Méthode complète de CARSTAIRS, dite Américaine, ou l'ART D'ÉCRIRE EN PEU DE LEÇONS par des moyens prompts et faciles, trad. de l'anglais par M. TREMERY, accompagné d'un Atlas renfermant un grand nombre de modèles mis en français. *Nouvelle edition.* 3 fr.

— **DU CARTONNIER, DU CARTIER ET DU FABRICANT DE CARTONNAGE**, ou l'Art de faire toutes sortes de cartons, de cartonnages et de cartes à jouer, contenant les meilleurs procédés pour gauffrer, colorier, vernir, dorer, couvrir en paille, en soie, etc., les ouvrages en carton; par M. LEBRUN, de plusieurs sociétés savantes. Un vol. orné d'un grand nombre de figures. 3 fr.

par M. JANVIER, officier au corps royal de la marine. Un volume orné de planches. 2 fr. 50 c.

MANUEL POUR LA CONSTRUCTION ET LE DESSIN DES CARTES GÉOGRAPHIQUES, contenant des considérations générales sur l'étude de la géographie, l'usage des cartes et les principes de leur rédaction, le tracé linéaire des projections, les instrumens qui servent aux différentes opérations, et la manière de dessiner toutes espèces de cartes, par A. M. PERROT,, ouvrage orné d'un grand nombre de planches. Un vol. 3 fr.

— **DES CONTRIBUTIONS DIRECTES**, à l'usage des contribuables, des receveurs, des employés des contributions et du cadastre, suivi du mode des réclamations, et la marche à suivre pour obtenir une juste et prompte décision, etc., par M DELONCLE, ex-contrôleur. Un volume. 2 fr. 50 c.

— **DE L'HISTOIRE NATURELLE DES CRUSTACÉS**, contenant leur description et leurs mœurs, avec figures dessinées d'après nature par feu M. BOSC, de l'Institut: édition mise au niveau des connaissances actuelles, par M. DESMAREST, correspondant de l'Académie royale des Sciences. Deux vol. 6 fr.

— **DU CUISINIER ET DE LA CUISINIERE**, à l'usage de la ville et de la campagne, contenant toutes les recettes les plus simples pour faire bonne chère avec économie, ainsi que les meilleurs procédés pour la pâtisserie et l'office, précédé d'un Traité sur la dissection des viandes, suivi de la manière de conserver les substances alimentaires, et d'un Traité sur les vins; par M. CARDELLI, ancien chef d'office. *Nouvelle édition*. Un gros vol. orné de figures. 2 fr. 50 c.

— **DU CULTIVATEUR FRANÇAIS**, ou l'Art de bien cultiver les terres, de soigner les bestiaux et de retirer des unes et des autres le plus de bénéfices possible; par M. THIÉBAUT DE BERNEAUD. Deux vol. 5 fr.

— **DES DAMES**, ou l'Art de la Toilette, suivi de l'Art du Modiste et du Mercier-Passementier, par mad. CELNART. Un vol. orné de figures. 3 fr.

— **DE LA DANSE**, comprenant la théorie, la pratique et l'histoire de cet art, depuis les temps les plus reculés jusqu'à nos jours; à l'usage des amateurs et des professeurs, par M BLASIS; trad. de l'anglais par M. P. VERGNAUD, et revu par M. GARDEL. Un gr. vol orné de planches et musique. 3 f. 50 c.

— **DES DEMOISELLES**, ou Arts et Métiers qui leur conviennent, tels que la couture, la broderie, le tricot, la dentelle, la tapisserie, les bourses, les ouvrages en filets, en chenille, en gause, en perle, en cheveux, etc., etc.; enfin tous les arts dont les demoiselles peuvent s'occuper avec agrément, par madame ELISABETH CELNART. *Troisième édition*. Un volume orné de planches. 3 fr.

suivi d'un Aperçu sur l'éclairage par le gaz; par M. JULIA FONTENELLE, Un volume orné de planches. 3 fr.

MANUEL DES FABRICANS DE CHAPEAUX EN TOUS GENRES, tels que feutres divers, schakos, chapeaux de soie, de coton, et autres étoffes filamenteuses; chapeaux de plumes, de cuir, de pailles de bois, d'osier, etc., et enrichi de tous les brevets d'invention, par MM. CLUZ et F., fabricans, et JULIA FONTENELLE, professeur de chimie. Un vol., orné de planches. 3 fr.

— **DU FABRICANT DE PRODUITS CHIMIQUES**, ou Formules et Procédés usuels relatifs aux matières que la chimie fournit aux arts industriels, à la médecine et à la pharmacie, renfermant la description des operations et des principaux ustensiles en usage dans les laboratoires; par M. THILLAYE, professeur de chimie, chef des travaux chimiques de l'ancienne fabrique de M. Vauquelin. Deux volumes ornés de planches. 7 fr.

— **DU FABRICANT DE SUCRE ET DU RAFFINEUR**, ou Essai sur les différens moyens d'*extraire le Sucre et de le raffiner*; par MM. BLACHETTE et ZOEGA. Un vol. 3 fr.

— **DU FERBLANTIER ET DU LAMPISTE**, ou l'art de confectionner en ferblanc tous les ustensiles possibles, l'étamage, le travail du zing, l'art de fabriquer les lampes d'après tous les systèmes anciens et nouveaux; *orné d'un grand nombre de figures et de modèles pris dans les meilleurs ateliers*, par M. LEBRUN. Un vol. in-18. 3 fr.

— **DU FLEURISTE ARTIFICIEL**, ou l'Art d'imiter d'après nature toute espèce de fleurs, en papier, batiste, mousseline et autres étoffes de coton; en gaze, taffetas, satin, velours; de faire des fleurs en or, argent, chenille, plumes, paille, baleine, cire, coquillages, les autres fleurs de fantaisie; les fruits artificiels; et contenant tout ce qui est relatif au commerce de fleurs; suivi de l'ART DU PLUMASSIER, par Madame CELNART. Un vol., orné de figures. 2 fr. 50 c.

— **DU FONDEUR SUR TOUS MÉTAUX**, ou Traité de toutes les opérations de la fonderie, contenant tout ce qui a rapport à la fonte et au moulage du cuivre, à la fabrication des pompes à incendie et des machines hydrauliques, etc., etc.; par M. LAUNAY, *fondeur de la colonne de la place Vendôme*, etc. Deux vol. ornés d'un grand nombre de planches. 7 fr.

— **THÉORIQUE ET PRATIQUE DU MAITRE DE FORGES**, ou l'Art de travailler le fer; par M. LANDRIN, ingénieur civil. Deux vol. ornés de planches. 6 fr.

— **DES GARDES-CHAMPÊTRES, FORESTIERS, GARDES-PÊCHES**, contenant l'exposé méthodique des lois, etc.; sur leurs attributions, fonctions, droits et devoirs, avec les formules et mo-

Règnes de la Nature, ou *Genera* complet des animaux, des végétaux et des minéraux; par M. BOITARD. Deux gros volumes. 7 fr.

Atlas des différentes parties de l'Histoire naturelle, et qui se vendent séparément.

ATLAS POUR LA BOTANIQUE, composé de 120 planches, figures noires 18 fr.

Figures coloriées. 36 fr.

— POUR LES MOLLUSQUES, représentant les mollusques nus et les coquilles, 51 planches, figures noires. 7 fr.

Figures coloriées. 14 fr.

— POUR LES CRUSTACÉS, 18 planc., fig. noires 3 fr.

Figures coloriées. 6 fr.

— POUR LES INSECTES, 110 planc., fig noires. 17 fr.

Figures coloriées. 34 fr.

— POUR LES MAMMIFÈRES, 80 planc., fig. noires. 12 fr.

Figures coloriées. 24 fr.

— POUR LES MINÉRAUX, 40 planches, figures noires. 6 fr.

Figures coloriées. 12 fr.

— POUR LES OISEAUX, 129 planches, figures noires. 20 fr.

Figures coloriées. 40 fr.

— POUR LES POISSONS, 155 planc., fig. noires. 24 fr.

Figures coloriées. 48 fr.

— POUR LES REPTILES, 54 planches, figures noires. 9 fr.

Figures coloriées. 18 fr.

— POUR LES ZOOPHYTES, représentant la plupart des vers et des animaux-plantes, 25 planches, figures noires. 6 fr.

Figures coloriées. 12 fr.

MANUEL DE L'HORLOGER, ou Guide des ouvriers qui s'occupent de la construction des machines propres à mesurer le temps; par M. SEB LENORMAND. Un gros vol. orné de planches 3 fr. 50 c.

— **D'HYGIÈNE**, ou l'Art de conserver sa santé, par M. MORIN, docteur-médecin. 3 fr.

— **DE L'IMPRIMEUR**, ou Traité simplifié de la typographie; par M. AUDOUIN DE GÉRONVAL, et revu par M. CRAPELET, imprimeur. Un volume orné de planches. 3 fr.

— **DU JARDINIER**, ou l'Art de cultiver et de composer toutes sortes de jardins; ouvrage divisé en deux parties: la première contient la culture des jardins potagers et fruitiers; la seconde, la culture des fleurs, et tout ce qui a rapport aux jardins d'agrément; dédié à M. THOUIN, ex-professeur de culture au Museum d'histoire naturelle, membre de l'Institut, etc; par M. BAILLY, son élève. *Cinquième édition*, revue, corrigée et considérablement augmentée. Deux gros volumes ornés de planches. 5 fr.

— **DU JAUGEAGE ET DES DÉBITANS DE BOISSONS,**

par madame GACON-DUFOUR. *Deuxième édit.*, revue par madame CELNART. Un vol. 2 fr. 50 c.

MANUEL DE MAMMALOGIE, ou l'Histoire Naturelle des Mammifères; par M. LESSON, membre de plusieurs Sociétés savantes. Un gros vol. 3 fr. 50 c.

ATLAS DE MAMMALOGIE, composé de 80 planches représentant la plupart des animaux décrits dans l'ouvrage ci-dessus,

Figures noires. 12 fr.

Figures coloriées. 24 fr.

— **COMPLET DES MARCHANDS DE BOIS ET DE CHARBONS**, ou Traité de ce commerce en général; contenant tout ce qu'il est utile de savoir depuis l'ouverture des adjudications des coupes jusques et y compris l'arrivée et le débit des bois et charbons, ainsi que le précis des lois, ordonnances, réglemens, etc., sur cette matière; suivi de *Nouveaux Tarifs* pour le cubage et le mesurage des bois de toute espèce, en anciennes et nouvelles mesures; par M. MARIÉ DE L'ISLE, ancien agent du flottage des bois. Un vol 3 fr.

— **DU MÉCANICIEN-FONTAINIER, POMPIER, PLOMBIER**, contenant la théorie des pompes ordinaires, des machines hydrauliques les plus usitées, et celle des pompes rotatives, leurs applications à la navigation sous-marine, à un mode de nouveau réfrigérant; l'Art du plombier, et la description des appareils les plus nouveaux, relatifs à cette branche d'industrie; par MM. JANVIER et BISTON. Un vol. orné de planches. 3 fr.

— **D'APPLICATIONS MATHÉMATIQUES USUELLES ET AMUSANTES**, *contenant des problèmes* de Statique, de Dynamique, d'Hydrostatique et d'Hydrodynamique, de pneumatique, d'Acoustique, d'Optique, etc., avec leurs solutions; des notions *de Chronologie*, *de Gnomonique*, de Levée des Plans, de Nivellement, de Géométrie pratique, etc., avec les formules y relatives; plus un grand nombre de tables usuelles, et terminé par un Vocabulaire renfermant la substance d'un Cours de Mathématiques Elémentaires; par M. RICHARD Un gros vol. 3 fr.

— **DE MÉCANIQUE**, ou Exposition élémentaire des lois de l'équilibre et du mouvement *des corps solides*, à l'usage des personnes privées des secours d'un maître; par M. TERQUEM. Un gros vol. orné de planches. 3 fr. 50 c.

— **DE MÉDECINE ET CHIRURGIE DOMESTIQUES**, contenant un choix des remèdes les plus simples et les plus efficaces pour la guérison de toutes les maladies internes et externes qui affligent le corps humain. *Seconde édition entièrement refondue* et considérablement augmentée; par M. MORIN, doct.-médec. Un vol. 3 fr. 50 c.

— **DU MENUISIER EN MEUBLES ET EN BATIMENS**, de l'Art de l'ébéniste, contenant tous les détails utiles sur la na-

ner les pâtes odorantes, les poudres de diverses sortes, les pommades, les savons de toilette, les eaux de senteur, les vinaigres, élixirs, etc., etc., et où se trouvent indiquées un grand nombre de compositions nouvelles, par madame GACON-DUFOUR. Un volume. 2 fr. 50 c.

MANUEL DU MARCHAND PAPETIER ET DU REGLEUR, contenant la connaissance des papiers divers, la fabrication des crayons naturels et factices gris, noirs et colorés; la préparation des plumes, des pains et de la cire à cacheter, de la colle à bouche, des sables, etc.; par M. JULIA FONTENELLE et M. POISSON. Un gros volume orné de planches 3 fr.

— **DU PATISSIER ET DE LA PATISSIÈRE**, à l'usage de la ville et de la campagne, contenant les moyens de composer toutes sortes de pâtisseries, par madame GACON-DUFOUR. Un vol. 2 fr. 50 c.

— **DE PHARMACIE POPULAIRE**, simplifiée et mise à la portée de toutes les classes de la société, contenant les formules et les pratiques nouvelles publiées dans les meilleurs dispensaires, les cosmétiques et les médicamens par brevet d'invention, les secours à donner aux malades dans les cas urgens, avant l'arrivée du médecin, etc., par M. JULIA DE FONTENELLE. Deux vol. 6 fr.

— **DU PÊCHEUR FRANÇAIS**, ou Traité général de toutes sortes de Pêches; l'Art de fabriquer les filets; un Traité sur les Etangs; un Précis des Lois, Ordonnances et Réglemens sur la pêche, etc., etc., par M. PESSON-MAISONNEUVE. Un volume orné de figures. 3 fr.

— **DU PEINTRE EN BATIMENS, DU DOREUR ET DU VERNISSEUR**, ouvrage utile tant à ceux qui exercent ces arts qu'aux fabricans de couleurs, et à toutes les personnes qui voudraient décorer elles-mêmes leurs habitations, leurs appartemens, etc.; par M. VERGNAUD *Cinquième édition*, revue et augmentée. Un volume. 2 fr. 50 c.

— **DE PERSPECTIVE, DU DESSINATEUR ET DU PEINTRE**, contenant les Elemens de géométrie indispensables au tracé de la perspective, la perspective linéaire et aérienne, et l'étude du dessin et de la peinture, spécialement appliquée au paysage; par M. VERGNAUD, ancien élève de l'Ecole Polytechnique. *Troisième édition.* Un volume orné d'un grand nombre de planches. 3 fr.

— **DE PHILOSOPHIE EXPÉRIMENTALE**, ou Recueil de dissertations sur les questions fondamentales de la métaphysique, extraites de LOCKE, CONDILLAC, DESTUTT-TRACY, DEGERANDO, LA ROMIGUIÈRE, JOUFFROY, REID, DUGALD KANT, COURIER, etc. *Ouvrage conçu sur le plan des* -STEWART, *Noël, par* M. AMICE, régent de rhetorique dans l'*leçons de M* Paris. Un gros vol. Académie de 3 fr. 50 c.

MANUEL DU PROPRIÉTAIRE ET DU LOCATAIRE, OU SOUS-LOCATAIRE, tant de biens de ville que de biens ruraux ; par M. SERGENT. *Troisième édition.* Un volume. 2 fr. 50 c.

— **DU RELIEUR DANS TOUTES SES PARTIES**, précédé des Arts de l'assembleur, du brocheur, du marbreur, du doreur et du satineur; par M. SÉBASTIEN LENORMAND. Un gros volume orné de planches 3 fr.

— **DU SAPEUR-POMPIER**, contenant la description des machines en usage contre les incendies, l'ordre du service, les exercices pour la manœuvre des pompes, etc.; par M. JOLY, capitaine; suivi de la description du tonneau hydraulique et de la pompe aspirante et foulante; par M LAUNAY. Un gr. vol. avec pl. 1 fr. 25 c.

—**DU SAVONNIER**, ou l'Art de faire toutes sortes de savons, par une réunion de fabricans, et rédigé par madame GACON-DUFOUR et un professeur de chimie Un volume. 3 fr.

— **DU SERRURIER**, ou Traité complet et simplifié de cet art, d'après les notes fournies par plusieurs Serruriers distingués de la capitale, et rédigé par M le comte DE GRANDPRÉ. *Seconde édition.* Un volume orné de planches. 3 fr.

— **COMPLET DES SORCIERS**, ou la Magie blanche dévoilée par les découvertes de la chimie, de la physique et de la mécanique; les scènes de ventriloquie, etc., exécutées et communiquées par M. COMTE, physicien du Roi, et par M. JULIA-FONTENELLE. *Deuxième édition.* Un gros vol. orné de planches. 3 fr.

—**DU TANNEUR, DU CORROYEUR ET DE L'HONGROYEUR**, contenant les procédés les plus nouveaux, toutes les découvertes faites jusqu'à ce jour, relativement à la préparation et à l'amélioration des cuirs, et généralement toutes les connaissances nécessaires à ceux qui veulent pratiquer ces arts Un vol. orné de planches. 3 fr.

— **DU TAPISSIER, DÉCORATEUR ET MARCHAND DE MEUBLES**, contenant les principes de l'Art du tapissier, les instructions nécessaires pour choisir et employer les matières premières, décorer et meubler les appartemens, etc. ; par M. GARNIER-AUDIGER. Un vol orné de figures. 2 fr. 50 c.

— **COMPLET DU TENEUR DE LIVRES**, ou l'Art de tenir les livres en peu de leçons, par des moyens prompts et faciles; les diverses manières d'établir les comptes courans avec ou sans nombres rouges, de calculer les époques communes, les intérêts, les escomptes, etc., etc.; ouvrage à l'aide duquel on peut apprendre sans maître: par M. TREMERY, profes. Un gr. vol. 3 fr.

—**DU TEINTURIER**, comprenant l'art de teindre la laine, le coton, la soie, le fil, etc., ainsi que tout ce qui concerne l'ART DU TEINTURIER-DÉGRAISSEUR, etc., etc. ; par M. RIFFAULT, ex-régisseur des poudres et salpêtres, etc., etc. *Deuxième édition.* Un gros volume. 3 fr.

MANUEL DU BOURRELIER ET DU SELLIER.
— **DU BIBLIOPHILE ET DE L'AMATEUR DE LIVRES** par M. F. Denis.
— **DU COUTELIER.**
— **DU CHARRON ET DU CAROSSIER.**
— **DE CHRONOLOGIE.**
— **D'ÉCONOMIE POLITIQUE.**
— **DU FILATEUR EN GÉNÉRAL ET DU TISSERAND.**
— **DU FACTEUR D'ORGUES.**
— **DE GÉOLOGIE.**
— **DE GÉOGRAPHIE-PHYSIQUE.**
— **COMPLÉMENTAIRE DE GEOMÉTRIE**, comprenant la géométrie descriptive, et ses applications principales à la stéréotomie, à la stéréographie et à la topographie.
— **DE L'INGENIEUR GÉOGRAPHE.**
— **DU LAYETIER ET DE L'EMBALLEUR.**
— **COMPLEMENTAIRE DE MECANIQUE**, ou Mécanique physique, comprenant les frottemens, les adhesions, les engrenages; la théorie des lignes, surfaces et corps élastiques et vibrans; la résistance des solides et des fluides; l'équilibre et le mouvement des fluides pondérables et impondérables.
— **DU MAÇON, PLATRIER, PAVEUR, CARRELEUR, COUVREUR.**
— **DE MUSIQUE VOCALE ET INSTRUMENTALE**, par M. Choron.
— **DE MNÉMONIE.**
— **DE L'ART MILITAIRE.**
— **DE MÉTALLURGIE.**
— **DE L'OPTICIEN.**
— **DE L'ORTOGRAPHISTE**
— **DU PEINTRE ET DU SCULPTEUR**, par M. Arsenne.
— **DU FABRICANT DE PAPIERS.**
— **DU TAILLEUR.**
— **DU TONNELIER BOISSELIER.**
— **DU TRÉFILEUR.**

120 planches représentant plus de 1600 sujets. 30 vol., et 24 livraisons de planches, fig. noires. 30 fr. 90 c.

Le même ouvrage, fig. coloriées. 45 fr. 50 c.

HISTOIRE NATURELLE DES COQUILLES, contenant leur description, leurs mœurs et leurs usages; par M. Bosc, membre de l'Institut. 10 vol., et 9 livr. de pl., fig. noires. 10 fr. 65 c.

Le même ouvrage, fig. coloriées, 16 fr. 50 c.

— **NATURELLE DES VERS**, contenant leur description, leurs mœurs et leurs usages; par M. Bosc. 6 vol., et 6 livraisons de planches, fig. noires. 6 fr. 60 c.

Le même ouvrage, fig. coloriées 10 fr. 50 c.

— **NATURELLE DES CRUSTACÉS**, contenant leur description, leurs mœurs et leurs usages, par M. Bosc. 4 vol., et 5 livraisons de planches, fig. noires. 4 fr. 75 c.

Le même ouvrage, fig. coloriées. 8 f.

— **NATURELLE DES MINÉRAUX**, par E.-M. Patrin, membre de l'Institut. Ouvrage orné de 40 planches, représentant un grand nombre de sujets dessinés d'après nature. 10 vol., et 8 livraisons de planches, fig. noires. 10 fr. 30 c.

Le même ouvrage, fig. coloriées. 15 f. 50 c.

— **NATURELLE DES POISSONS**, avec des figures dessinées d'après nature; par Bloch. Ouvrage classé par ordres, genres et espèces, d'après le système de Linnée, avec les caractères génériques; par René-Richard Castel. Edition ornée de 160 planches, représentant environ 600 espèces de poissons. 20 vol., et 32 livraisons de planches, fig. noires. 26 fr. 20 c.

Le même ouvrage, fig. coloriées. 47 fr.

— **NATURELLE DES REPTILES**, avec figures dessinées d'après nature; par Sonnini, homme de lettres et naturaliste, et Latreille, membre de l'Institut. Edition ornée de 54 planches, représentant environ 150 espèces différentes de serpens, vipères, couleuvres, lézards, grenouilles, tortues, etc. 8 vol., et 11 livraisons de planches, fig. noires. 9 fr. 85 c.

Le même ouvrage, fig. coloriées. 17 fr.

Prix de chaque volume, pour les ouvrages ci-dessus. 75 c.

Prix de chaque livraison de figures, composée d'environ 5 planches, 35 cent. en noir, et 1 fr. fig. coloriées.

Tous les ouvrages ci-dessus sont en vente.

Pour compléter les trois règnes de la nature, il faut ajouter :

ŒUVRES DE BUFFON, comprenant : *Théorie de la Terre. — Discours sur l'Histoire naturelle — Histoire naturelle de l'homme. — Histoire naturelle des quadrupèdes. — Histoire naturelle des oiseaux*, classés par ordres, genres et espèces, d'après le système de Linnée, avec les caractères génériques et la nomenclature linnéenne; par René Richard Castel. 26 vol. Nouvelle édition, ornée de 205 planches représentant environ 600 sujets. 65 fr.

Avec les figures coloriées. 90 fr.

CHIENS (LES) CÉLÈBRES. *Troisième édition*, augmentée de traits nouveaux et curieux sur l'instinct, les services, le courage, la reconnaissance et la fidelité de ces animaux; par M. FRÉVILLE. Un gros volume in-12, orné de planches. 3 fr.

CHOIX (NOUVEAU) D'ANECDOTES ANCIENNES ET MODERNES, tirées des meilleurs auteurs, contenant les faits les plus interessans de l'histoire en général, les exploits des héros, traits d'esprit, saillies ingénieuses, bons mots, etc., etc.; suivi d'un precis sur la Révolution française; par M. BAILLY. *Cinquième édition*, revue, corrigee et augmentee; par madame CELNART. 4 vol. in-18, ornés de jolies vignettes. 7 fr.

CODE DES MAITRES DE POSTE, DES ENTREPRENEURS DE DILIGENCE ET DE ROULAGE, ET DES VOITURIERS EN GÉNERAL PAR TERRE ET PAR EAU, ou Recueil général des Arrêts du Conseil, Arrêts de règlement, Lois, Decrets, Arrêtes, Ordonnances du Roi, et autres Actes de l'autorite publique, concernant les Maîtres de Poste, les Entrepreneurs de Diligences et Voitures publiques en général, les Entrepreneurs et Commissionnaires de Roulage, les Maîtres de Coches et de Bateaux, etc.; par M. LANOE, avocat à la Cour royale de Paris 2 vol. in-8. 12 fr.

COURS D'ENTOMOLOGIE, ou de l'Histoire naturelle de crustacés, des arachnides, des myriapodes et des insectes, à l'usage des élèves de l'École du Muséum d'Histoire naturelle, par M. LATREILLE, professeur, membre de l'Institut, etc, etc. Un gros vol. in-8 et atlas 1831. 15 fr.

DESCRIPTION DES MOEURS, USAGES ET COUTUMES de tous les peuples du monde, contenant une foule d'Anecdotes sur les sauvages d'Afrique, d'Amerique, les Anthropophages, Hottentots, Caraïbes, Patagons, etc., etc. *Seconde edition*, très-augmentée. 2 vol. in-18, ornés de douze gravures. 5 fr.

DICTIONNAIRE HISTORIQUE, ou Histoire abrégée et impartiale des hommes de toutes les nations qui se sont rendus célebres, par une société de Savans français et etrangers. 20 vol. in 8. 120 fr.

ÉPILEPSIE (DE L') EN GÉNÉRAL, et particulièrement de celle qui est déterminée par des causes morales, par M. DOUSSIN-DUBREUIL. Un vol in-12. *Deuxieme edition*. 3 fr.

ESPAGNE (DE L') et de ses relations commerciales, par F.-A. DE CH, in-8. 2 fr. 50 c.

ÉTUDES ANALYTIQUES SUR LES DIVERSES ACCEPTIONS DES MOTS FRANÇAIS, par Mlle FAURE. Un vol in-12. 2 f. 50 c.

ÉVÉNEMENS DE BRUXELLES ET AUTRES VILLES DU ROYAUME DES PAYS-BAS, depuis le 25 août 1830, précédes du catechisme du citoyen belge, et de chants patriotiques. Un vol. in-18. 1 fr. 25

EXAMEN DU SALON DE 1827, avec cette épigraphe : Rien n'est beau que le vrai. Deux broch. in-8. 3 fr.

prosateurs et des poëtes les plus célèbres, et des préceptes sur l'art de lire à haute voix; par M. VIGÉE. *Deuxième édition*, revue par madame d'HAUTPOUL. Un vol. in-12. 2 fr. 50 c.

MANUEL DES POIDS ET MESURES, des Monnaies et du Calcul décimal; par M. TARBÉ DES SABLONS. Édition, avec un supplément contenant les additions faites à l'édition in-18. Un gros vol. in-8. 3 fr. 50 c.

— **RAISONNÉ DES OFFICIERS DE L'ÉTAT CIVIL**, ou Recueil des lois, décrets, avis, décisions ministérielles, etc., etc. *Deuxième édition*; par DE LA FONTENELLE DE VAUDORÉ. Un gros vol. in-12, 1813. 3 fr.

— **COMPLET DU VOYAGEUR AUX ENVIRONS DE PARIS**, ou Tableau actuel des environs de cette capitale. Un gros vol. in-18, orné d'un grand nombre de vues et d'une carte très-détaillée des environs de Paris; par M. DE PATY. 3 fr.

— **COMPLET DU VOYAGEUR DANS PARIS**, ou Nouveau Guide de l'étranger dans cette capitale, par M. LEBRUN. Un gros vol. in-18, orné d'un grand nombre de vues et de trois cartes. 3 fr. 50 c.

MÉMOIRES SUR LA GUERRE DE 1809 EN ALLEMAGNE, avec les opérations particulières des corps d'Italie, de Pologne, de Saxe, de Naples et de Walcheren; par le général PELET, d'après son journal fort détaillé de la campagne d'Allemagne, ses Reconnaissances et ses divers travaux, la correspondance de Napoléon avec le major-général, les maréchaux, les commandans en chef, etc., accompagnés de pièces justificatives et inédites. Quatre volumes in-8. 28 fr.

MÉTHODE COMPLÈTE DE CARSTAIRS, DITE AMÉRICAINE; ou l'Art d'écrire en peu de leçons par des moyens prompts et faciles, traduit de l'anglais sur la dernière édition, par M. TREMERY, professeur. Un vol. oblong, accompagné d'un grand nombre de modèles mis en français. 3 fr.

MINISTRE (LE) DE WAKEFIELD. Deux vol. in-12. Nouvelle édition. 4 fr.

NOSOGRAPHIE GÉNÉRALE ÉLÉMENTAIRE, ou Descript. et traitement rationnel de toutes les maladies; par M. SEIGNEUR-GENS, doct. de la Fac. de Paris. Nouv. éd. 4 vol. in-8. 25 fr.

NOUVEAU COURS DE THÈMES pour les sixième, cinquième, quatrième, troisième et deuxième classes, à l'usage des colléges; par M. PLANCHE, professeur de rhétorique au collége royal de Bourbon, et M. CARPENTIER; ouvrage recommandé pour les colléges par le Conseil royal de l'Université. *Seconde édition*, entièrement refondue et augmentée. Cinq volumes in-12. 10 fr.

Les mêmes avec les corrigés à l'usage des maîtres. 22 fr. 50 c.

On vend séparément :

Cours de sixième à l'usage des élèves, 2 fr.

LOUIS XVI. Huit gros volumes in-12, ornés de son portrait. *Deuxième édition.* 20 fr.

SYNONYMES (NOUVEAUX) FRANÇAIS à l'usage des demoiselles, par mademoiselle FAURE. Un vol. in-12. 3 fr.

DE LA POUDRE LA PLUS CONVENABLE AUX ARMES A PISTON, par M C. F. VERGNAUD aîne. Un volume in-18 75 c.

VOYAGE MÉDICAL AUTOUR DU MONDE, exécuté sur la corvette du roi *la Coquille,* commandée par le capitaine Duperrey, pendant les années 1822, 1823, 1824 et 1825, suivi d'un mémoire *sur les Races Humaines* répandues dans l'Océanie, la Malaisie et l'Australie; par M. LESSON. Un vol. in-8°. 4 fr. 50 c.

ABRÉGÉ DE LA GRAMMAIRE FRANÇAISE, par MM. NOEL et CHAPSAL. Un volume in-12. 90 c.

ALBUM TOPOGRAPHIQUE, par PERROT. Un cahier oblong contenant 6 planches coloriées. 7 fr.

ART DE LEVER LES PLANS, et Nouveau Traité d'arpentage et du nivellement, par MASTAING. Un volume in-12. 4 fr.

ATLAS DE LESAGE. Nouv. édit., in-fol. cartonné 130 fr.

BOTANOGRAPHIE BELGIQUE, ou Flore du nord de la France et de la Belgique proprement dite; par THÉM. LESTIBOUDOIS. Deux volumes in-8. 14 fr.

— **ÉLÉMENTAIRE**, ou Principes de botanique, d'anatomie et de physiologie végétale; par THÉM. LESTIBOUDOIS. Un volume in-8. 7 fr.

— **UNIVERSELLE**, ou Tableau général des végétaux; ouvrage faisant suite à la Botanographie belgique de THÉM. LESTIBOUDOIS. Deux volumes in-8. 10 fr.

CARTE TOPOGRAPHIQUE DE SAINTE-HÉLÈNE, très-bien gravée. 1 fr. 50 c.

CHIMIE APPLIQUÉE AUX ARTS PAR CHAPTAL, membre de l'Institut; nouvelle édition avec les additions de M. GUILLERY. 5 livraisons en un seul gros volume in-8, grand papier. 20 fr.

CONSIDÉRATIONS SUR LES TROIS SYSTEMES DE COMMUNICATIONS INTÉRIEURES, au moyen des routes, des chemins de fer et des canaux, par M. NADAULT, ingénieur des ponts et chaussées. Un vol. in-4°. Prix : 6 fr.

ÉLECTIONS (DES) SELON LA CHARTE ET LES LOIS DU ROYAUME, ou Examen des droits, priviléges et obligations attachés à la qualité d'électeur, par M. BOYARD. Un vol. in-8. 6 fr.

ÉLÉMENS (NOUVEAUX) DE GRAMMAIRE FRANÇAISE, par M. FELLENS. Un vol in-12. 1 fr. 25 c.

DE L'EMPLOI DU REMEDE CONTRE LES GLAIRES et Observations sur ses effets, in-8, par M. DOISSIN-DUBAILLI.

des empereurs, la Lecture, la Musique, la Chronologie, l'Astronomie et la Botanique.

JOURNAL D'AGRICULTURE, d'Economie rurale et des Manufactures du royaume des Pays-Bas. La collection complète jusqu'à la fin de 1823 se compose de seize vol. in-8. Prix, à Paris. 75 fr.

L'année 1824 18 fr.

Celles de 1825 et suivantes sont au même prix.

LEÇONS D'ANALYSE GRAMMATICALE, contenant, 1° des préceptes sur l'art d'analyser, 2° des Exercices et des Sujets d'analyse grammaticale, gradués et calqués sur les préceptes; par MM. NOEL et CHAPSAL. Un vol. in-12. 1 fr. 80 c.

LEÇONS D'ANALYSE LOGIQUE, contenant, 1° des Preceptes sur l'art d'analyser, 2° des Exercices et des Sujets d'analyse logique, gradués et calques sur les Preceptes; par MM. NOEL et CHAPSAL. Un vol. in-12. 1 fr. 80 c.

LEÇONS D'ARCHITECTURE; par DURAND. Deux vol. in 4. 40 fr.

La partie graphique, ou tome troisième du même ouvrage. 20 fr.

LE RÉGULATEUR DE L'ÉCRITURE, par CH. D. 1 vol. in-4. 1 fr. 25 c.

LETTRES INÉDITES DE BUFFON, J.-J. ROUSSEAU, VOLTAIRE, PIRON, DE LALANDE, LARCHER, ETC. Un vol. in-12. 3 fr.

LIBERTÉS (LES) GARANTIES PAR LA CHARTE, ou de la Magistrature dans ses rapports avec la liberté des cultes, la liberté de la presse et la liberté individuelle; par M. BOYARD. Un vol. in 8. 6 fr.

MANIÈRE TOUT-A-FAIT NOUVELLE D'ENSEIGNER ET D'ÉTUDIER LA LANGUE LATINE, ou Exposition d'une methode d'enseignement préparatoire pratiquée avec succès pendant plus de vingt ans; par M CHOMPRÉ, ancien professeur. In-8. 1 fr.

MANUEL DES BAINS DE MER, leurs avantages et leurs inconvéniens, par M. BLOT. Un vol in-18. 2 fr.

MANUEL DES INSTITUTEURS ET DES INSPECTEURS D'ÉCOLES PRIMAIRES, par ***, Membre d'un Comité d'arrondissement. 1 vol. in-12. 4 fr.

MÉLANGES TIRÉS D'UNE PETITE BIBLIOTHÈQUE, ou Variétés littéraires et philosophiques; par M. CHARLES NODIER, chevalier de la Légion d'Honneur, bibliothécaire du roi à l'Arsenal. Un vol. in-8° Prix: 7 fr.

MÉMORIAL DE SAINTE-HÉLÈNE; par M. DE LAS-CASES. Huit vol. in 8. 56 fr.

Le même ouvrage. Huit vol. in-12. 28 fr.

MONOGRAPHIA TENTHREDINETARUM SYNONYMIA EX-

TRAITÉ SUR LA NOUVELLE DÉCOUVERTE DU LÉVIER VOLUTE, *dit* **LEVIER-VINET**, in-18. 1 fr 50 c.

TRAITÉ (NOUVEAU) DES PARTICIPES, suivi de dictées progressives, par MM. NOEL ET CHAPSAL. Un vol in-12. 2 fr.

VACCINE (DE LA) ET DE SES HEUREUX RÉSULTATS DÉMONTRÉS PAR DES VISITES FAITES AU DOMICILE DES INDIVIDUS DÉCÉDÉS A PARIS PAR SUITE DE LA PETITE-VÉROLE EN 1825, par MM. BRUNET, DOUSSIN-DUBREUIL et CHAUMONT. Un volume in 8. 4 fr.

VOCABULAIRE DES TERMES DE COMMERCE, ou Principes de la Tenue des livres a partie double. Un vol in 8 2 f.

VOYAGES PITTORESQUES SUR LES BORDS DE LA LOIRE, depuis Orléans jusqu'a Nantes, par M. DAGNAN.

Cet ouvrage se compose de cinq livraisons, contenant chacune huit planches. Prix de chaque livraison : 12 fr.

VUE DE CLISSON, formant le complément du *Voyage pittoresque sur les bords de la Loire*, par DAGNAN. 15 fr.

VUE DE LYON ET DE L'ILE BARBE, dessinées d'après nature, et lithographiées par Dagnan. 20 fr.

OUVRAGES DE M. L'ABBÉ CARON.

LA ROUTE DU BONHEUR, Un vol. in-18. 2 fr.

L'ART DE RENDRE HEUREUX TOUT CE QUI NOUS ENTOURE Un vol. in 18. 2 fr.

LA VERTU PARÉE DE TOUS SES CHARMES, Un vol. in-18. Prix : 2 fr.

LE BEAU SOIR DE LA VIE, Un vol. in-18. 2 fr.

L'ECCLÉSIASTIQUE ACCOMPLI, Un vol. in-18. 2 fr.

LES ÉCOLIERS VERTUEUX. 2 vol. in-18. 4 fr.

L'HEUREUX MATIN DE LA VIE. Un vol. in-18. 2 fr.

NOUVELLES HÉROINES CHRÉTIENNES. 2 vol. in-18. 4 fr.

PENSÉES CHRÉTIENNES, Douze vol. in-18. 21 fr.

— **ECCLÉSIASTIQUES.** Douze volumes in-18. 21 fr

RECUEIL DE CANTIQUES ANCIENS ET NOUVEAUX. Un vlo. in-18. 1 fr. 50 c.

ABRÉGÉ DE LA FABLE ou de l'Histoire poétique, par JOUVENCY, traduit en français et rangé suivant la méthode de DUMARSIS, in-18 1 fr, 50 c.

ABRÉGÉ DE LA GRAMMAIRE FRANÇAISE, par M. de WAILLY, dernière édition, 1 vol. in-12. 75 c.

ANNÉE AFFECTIVE, par AVRILLON, in-12. 2 fr. 50 c.

ABRÉGÉ DE L'HISTOIRE SAINTE, par demandes et par réponses, 1 vol. in-12. 75 c.

DISCOURS CHOISIS DE D'AGUESSEAU, in-12, *nouvelle édition.* 2 fr 50 c.

DOCTRINE CHRÉTIENNE DE LHOMOND, in 12 1 f. 50 c.

ÉDUCATION DES FILLES, par FÉNÉLON, in-18, fig., jolie édition. 1 fr. 50 c.

ÉLÉMENS DE LA CONVERSATION ANGLAISE, par PERRIN, revus par FAIN. Un vol. in-12. 1 fr. 25 c.

ÉLÉMENS DE LITTÉRATURE, ou Analyse raisonnée des différens genres de compositions et des meilleurs ouvrages classiques anciens et modernes, français et etrangers; par BRETON, etc. 6 volumes in-18. 9 f.

ÉPITRES ET ÉVANGILES DES DIMANCHES ET FÊTES DE L'ANNÉE, avec de courtes réflexions, édition augmentée des Prières de la Messe et des Vêpres du dimanche, in-12. 2 f. 50 c.

ESPRIT (DE L') DES LOIS, par MONTESQUIEU. Nouv. édit., ornée du portr. de l'aut. Quatre gr. vol in-12. 12 fr.

ESQUISSE D'UN TABLEAU HISTORIQUE DES PROGRES DE L'ESPRIT HUMAIN, par CONDORCET Un gros vol. in-18. 3 fr.

EXISTENCE DE DIEU, par CLARKE, traduit de l'anglais par RECOTTIER. Nouvelle édition. 3 vol. in-12. 7 fr. 50 c.

FABLIERS (LE PHÉNIX DES), ou Morceaux choisis des poetes français qui ont excellé dans l'apologue depuis 1600 jusqu'à nos jours, par J. SAMSON, 2 vol. in-18. 4 fr.

2 fr. 50 c.

GRAMMAIRE FRANÇAISE DE RESTAUT. Gros vol. in-12,

GRANDEUR (LA) DES ROMAINS, par MONTESQUIEU. 1 vol. in-12. 2 fr

GRADUS AD PARNASSUM, ou Dictionnaire poétique latin-français. Grand in-8. 7 fr.

GUIDE DU MARÉCHAL, par LAFOSSE. Nouvelle édition. 7 fr. 50 c.

HISTOIRE DES DOUZE CÉSARS, par F. DE LAHARPE. *Cinquième édition.* Trois volumes in-18. 6 fr. 50 c.

HISTORIETTES ET CONVERSATIONS A L'USAGE DES ENFANS, par BERQUIN. Deux volumes in-18. 3 fr.

HORATII FLACCI CARMINA, 1 vol. in-24. 1 f. 25 c.

— Id, 1 vol. in-18. 1 fr. 50 c.

IMITATION DE JÉSUS-CHRIST, in-32, *jolie édit.* 1 f. 50 c.

INSTRUCTIONS POUR LES JEUNES GENS, utiles à toutes sortes de personnes, mêlées de plusieurs traits d'histoire et d'exemples édifians, in-12. 1 f. 25 c

JARDINS (LES QUATRE) ROYAUX DE PARIS, 1 v. in-18, *troisième édition.* 1 f. 50 c.

JÉRUSALEM DÉLIVRÉE, traduite en vers, par M. OCTAVIEN, 2 vol. in-8. 8 fr.

PARFAIT (LE) CUISINIER, ou le Bréviaire des Gourmands, 1 vol. in-12. 3 f.

PARFAIT (LE) MODÈLE, 1 vol. in-1 1 f. 25 c.

PETIT (LE) PHILIPPE, par Mme de RENNEVILLE, 1 vol. in-18, avec grav. 1 f. 50 c.

PHÆDRI AUGUSTI LIBERTI FABULÆ, 1 v. in-12. 1 f. 25 c.

PLUTARQUE DES DEMOISELLES, par PROPIAC. Troisième édition. Deux vol. in-12. 6 f.

PSAUTIER DE DAVID, nouvelle édition, 1 vol. in-12. 1 f

RÉCRÉATIONS D'EUGÉNIE, Contes propres à former le cœur et à développer la raison des enfans; par madame DE RENNEVILLE. Troisième édition. Un vol in-18 orné de 4 jolies fig. 1 f. 50 c.

RELIGION (LA), poeme, par RACINE, 1 v. in-18 1 f 50 c.

RÉVOLUTION DE CONSTANTINOPLE EN 1807 ET 1808, par M. JUCHEREAU DE SAINT-DENIS, colonel d'etat-major, chevalier de la Légion d'Honneur et de l'ordre du Croissant ottoman. Deux volumes in-8. 9 f.

SELECTÆ E NOVO TESTAMENTO, Historiæ ex Erasmo desumptæ, 1 vol. in-18. 1 f. 40 c.

SECRET (LE) DE LA JEUNE FILLE, par A. P. F. N., 4 vol. in-12, avec fig. 10 f.

TRAITÉ DE LA VENTE, par POTHIER, 1 vol. in-32. 2 f.

DE LA MORT CIVILE EN FRANCE, par M. DESQUIRON DE SAINT-AGNAN, avocat près la Cour royale de Paris. Un vol. in-8. 7 f.

VÉRITABLE (LE) ESPRIT DE J.-J. ROUSSEAU, ou Choix d'observations, de maximes et de principes sur la morale, la religion, la politique et la littérature, par M. l'abbé SABATIER, 3 vol. in-8. 15 f.

VIES DES SAINTS, pour tous les jours de l'année, avec une prière et des pratiques à la fin de chaque vie, nouvelle édition, augmentée de la vie de plusieurs Saints, par MÉSENGUY, gros vol in-12. 3 f.

VIE DE SAINT-LOUIS DE GONZAGUE, de la Compagnie de Jesus, 1 vol. in-12. 2 f. 50 c.

· **VISITES AU SAINT SACREMENT ET A LA SAINTE VIERGE**, pour chaque jour du mois, in-18. 1 f.

VIES DES ENFANS CÉLÈBRES, ou Modèles du jeune âge, par FREVILLE, 2 vol in-12, avec 4 fig. 5 f.

VOYAGE DE CHAPELLE ET BACHAUMONT, suivi de quelques autres voyages dans le même genre, belle édition, ornée d'une jolie gravure, 1 vol in-32. 1 f. 50 c.

VOYAGES (LES) DE GULLIVER, traduits de SWIFT par DESFONTAINES. Nouvelle et très-jolie édit. Quatre volumes in-18, ornés de huit belles gravures. Paris. 6 f.

français, avec 4 planches, par C.-D. LAGACHE. Un vol. in-8. 3 fr. 50 c.

MÉTHODE DE LECTURE ET D'ÉCRITURE, d'après les principes d'enseignement universel de M. JACOTOT, developpés et mis à la portee de tout le monde, par BRAUD. Un vol. in-4. 1 fr. 50 c.

HISTOIRE DU ROYAUME DE LA CHERSONNESE TAURIDE. Un vol. in-4. 9 fr.

LA CHINE, Mœurs, Usages, Costumes, Arts et Métiers, Peines civiles et militaires, Cérémonies religieuses, Monumens et Paysages, par MM. DEVERIA, REGNIER, SCHAAL, SCHMIT, VIDAL, etc., avec des Notices explicatives et une Introduction, par MALPIÈRE. Trois vol. in-4 à 12 fr. la livraison. Un grand nombre sont en vente.

CHOIX DES PLUS BELLES FLEURS, et de quelques branches des plus beaux fruits, par P.-J. REDOUTÉ. A 12 fr la livraison.

HISTOIRE NATURELLE DES MAMMIFÈRES, avec des figures originales coloriees, dessinées d'après des animaux vivans, par M. GEOFFROY SAINT-HILAIRE et par M. FRÉDÉRIC CUVIER In-4, à 9 fr. la livraison.

COLLECTION DE MÉMOIRES POUR SERVIR A L'HISTOIRE DU REGNE VÉGÉTAL, par M. A.-P. DE CANDOLLE.

1er Mémoire sur la famille			des MÉLASTOMACÉES, avec 10 pl.	10 f.
2e	Id.	id.	des CRASSULACÉES, avec 13 pl.	8 f.
3e	Id.	id.	des ONAGRAIRES, avec 3 pl.	8 f. (3e et 4e)
4e	Id.	id.	des PARONYCHIÉES, avec 6 pl.	
5e	Id.	id.	des OMBELLIFÈRES, avec 19 pl.	15 f.

MÉMOIRES ET CORRESPONDANCES DE DUPLESSIS-MORNAY. Douze vol. in-8. 84 fr.

Pour recevoir les ouvrages franc de port, il faut ajouter 50 c. par vol. in-18, 1 f. par vol in-12, 1 f. 50 c. par vol. in-8. — On est prié d'affranchir les lettres.

PARIS. — IMPRIMERIE DE COSSON.

Ouvrages qui se trouvent chez Roret, *libraire*

Geographe manuel (le nouveau), contenant la description statistique et historique de toutes les parties du monde, leurs climats, leurs productions, leurs gouvernemens, le caractère de leurs habitans; la description des principales villes, et leurs distances de Paris; les routes et distances de ces villes entre elles; la concordance des calendriers; le système métrique; la concordance des mesures anciennes et nouvelles; les changes et monnaies étrangères evaluées en francs et centimes, etc. etc.; par Alex. Devilliers. 1 gros vol. in-18, de plus de 400 pages, orné de 7 jolies cartes. 1825. 3 fr. 50 c.

Manuel complet, théorique et pratique du Jardinier, ou l'Art de cultiver et de composer toutes sortes de Jardins, ouvrage divisé en deux parties : la première contient la culture des Jardins potagers et fruitiers, et la seconde la culture des fleurs, et tout ce qui a rapport aux Jardins d'agrément; *dedié à M Thouin*, ex-professeur de culture au Museum d'Histoire naturelle, membre de l'Institut, etc., par M. *Bailly*, son élève, membre de la Societé Linneenne, et de plusieurs autres societés savantes; *seconde édition*, revue, corrigee et considerablement augmentee; precedee de l'*Annuaire des Travaux du Jardinier pour l'annee* 1825 2 gr vol. in 18 de près de 900 pages, ornés de planches. 5 fr.

Manuel du Chasseur et des Garde-Chasses, contenant un Traite sur toutes les chasses, un Vocabulaire des termes de vénerie, de fauconnerie et de chasse; les lois, ordonnances de police, etc, sur le port d'armes, la chasse, la peche, la louveterie, les formules des proces-verbaux qui doivent être dressés par les garde-chasses, forestiers et champêtres, suivi d'un Traité sur la pêche; par M. *de Mersan*; nouvelle édition; un gros vol. in-18, avec figures et musique. 1825. 3 fr.

www.ingramcontent.com/pod-product-compliance
Lightning Source LLC
Chambersburg PA
CBHW060408200326
41518CB00009B/1291
* 9 7 8 2 0 1 2 7 4 8 7 5 0 *